穿戴式電子裝置盡在 iCShop!!

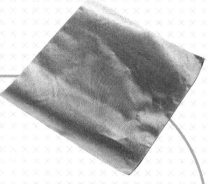

導電纖維-不鏽鋼 20um(10g)
368031000345

不鏽鋼導電緞帶-5mm (1米)
368031000341

無紡導電布- 20x20cm
68031000328

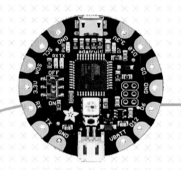

FLORA - Wearable electronic platform
368031000312

5W CIGS 軟性太陽能板 350*170*1mm
368030800474

LED Sequins - Rose Pink (5個)
368030101071

iC **Shopping**
DIY 零件 | 套件 | 工具

創客萊吧
Maker Lab

 ELECBOYS ARDUINO seeed studio sparkfun ELECTRONICS adafruit littleBits  DFROBOT Pololu Robotics & Electronics

www.iCShop.com   TEL +886-7-5564686   81357 高雄市左營區博愛二路204號8樓之1

Make: EBOOK

訂閱數位版Make國際中文版雜誌，
讓精彩專題與創意實作活動隨時提供您新靈感！

Make:

http://www.makezine.com.tw/ebook.html

備註：

○ 數位版Make國際中文版雜誌由合作之電子平台協助銷售。若有任何使用上的問題，請聯絡該電子平台客服中心協助處理。

○ 各電子平台於智慧型手機／平板電腦閱讀時，多數具有平台專屬應用程式。請選擇最能符合您的需求（如費率專案／使用介面等）的應用程式下載使用。

○ 各電子平台之手機／平板電腦應用程式均可免費下載。（Andriod系統請至Google Play商店，iOS系統請至App Store搜尋下載）

自造者世代的知識饗宴

在崛起的自造者世代中，《Make》與《科學人》提供理論與實作的結合，讓知識實際展現，用手作印證理論！

《科學人》一年**12**期

《Make》國際中文版一年**6**期

訂購優惠價**2,590**元（原價4,200元）

加贈《科學人雜誌知識庫》中英對照版

CONTENTS

SPECIAL SECTION
DRONES

22

16

24

20

封面故事：
兩臺「Hiro」四旋翼飛行器在FPV競速賽中飛過天際
（赫普・斯瓦迪雅攝影）。

PROJECTS

跟著 InnoRacer™ 2S 去旅行吧！

關於速度的競逐，你需要32位元 Cortex M3核心晶片，完備的速度控制程式庫、高轉速的直流馬達、6軸姿態感測器、良好抓地力的矽膠輪胎、以及充滿電力的11.1V鋰聚電池。還有一杯咖啡，釋放你對速度追求的熱情與品味！

利基應用科技股份有限公司
www.innovati.com.tw

國家圖書館出版品預行編目資料

Make：國際中文版／ MAKER MEDIA 編.
-- 初版. -- 臺北市：泰電電業，2015.11 冊；公分
ISBN：978-986-405-017-8 （第20冊：平裝）
1. 生活科技
400   104002320

EXECUTIVE CHAIRMAN
Dale Dougherty
dale@makermedia.com

CEO
Gregg Brockway
gregg@makermedia.com

*

CREATIVE DIRECTOR
Jason Babler
jbabler@makezine.com

*

EDITORIAL

EXECUTIVE EDITOR
Mike Senese
mike@makermedia.com

MANAGING EDITOR
Cindy Lum

COMMUNITY EDITOR
Caleb Kraft
caleb@makermedia.com

PROJECTS EDITOR
Keith Hammond
khammond@makermedia.com

SENIOR EDITOR
Greta Lorge

TECHNICAL EDITOR
David Scheltema

EDITOR
Nathan Hurst

EDITORIAL ASSISTANT
Craig Couden

COPY EDITOR
Laurie Barton

PUBLISHER, BOOKS
Brian Jepson

EDITOR, BOOKS
Patrick DiJusto

EDITOR, BOOKS
Anna Kaziunas France

LABS MANAGER
Marty Marfin

**DESIGN,
PHOTOGRAPHY
& VIDEO**

ART DIRECTOR
Juliann Brown

DESIGNER
Jim Burke

PHOTOGRAPHER
Hep Svadja

VIDEO PRODUCER
Tyler Winegarner

VIDEOGRAPHER
Nat Wilson-Heckathorn

WEBSITE

DIRECTOR OF ONLINE OPERATIONS
Clair Whitmer

SENIOR WEB DESIGNER
Josh Wright

WEB PRODUCERS
Bill Olson
David Beauchamp

SOFTWARE ENGINEER
Jay Zalowitz

SOFTWARE ENGINEER
Rich Haynie

SOFTWARE ENGINEER
Matt Abernathy

國際中文版譯者

Madison：2010年開始兼職筆譯生涯，專長領域是自然、科普與行銷。

Karine：成大外文系畢業，專職影視和雜誌翻譯。視液體麵包為靈感來源，相信文字的力量，認為翻譯是一連串與世界的對話。

孟令函：畢業於師大英語系，現就讀於師大翻譯所碩士班。喜歡音樂、電影、閱讀、閒晃，也喜歡跟三隻貓室友說話。

屠建明：目前為全職譯者。身為愛丁堡大學的文學畢業生，深陷小說、戲劇的世界，但也曾主修電機，對任何科技新知都有濃烈的興趣。

張婉秦：蘇格蘭史崔克萊大學國際行銷碩士，輔大影像傳播系學士，一直在媒體與行銷界打滾，喜歡學語言，對新奇的東西毫無抵抗能力。

曾吉弘：CAVEDU教育團隊專業講師（www.cavedu.com）。著有多本機器人程式設計專書。

黃涵君：兼職中英日譯者，有口譯經驗，喜歡不同語言間的文字轉換過程。

劉允中：臺灣人，臺灣大學心理學系研究生，興趣為語言與認知神經科學。喜歡旅行、閱讀、聽音樂、唱歌，現為兼職譯者。

謝孟璇：畢業於政大教育系、臺師大英語所。曾任教育業，受文字召喚而投身筆譯與出版相關工作。

謝明珊：臺灣大學政治系國際關係組碩士。專職翻譯雜誌、電影、電視，並樂在其中，深信人就是要做自己喜歡的事。

Make：國際中文版20

（Make：Volume 44）

編者：MAKER MEDIA
總編輯：周均健
副總編輯：顏妤安
編輯：劉盈孜、杜伊蘋
版面構成：陳佩娟
部門經理：李幸秋
行銷總監：鍾珮婷
行銷企劃：洪卉君
出版：泰電電業股份有限公司
地址：臺北市中正區博愛路76號8樓
電話：（02）2381-1180
傳真：（02）2314-3621
劃撥帳號：1942-3543 泰電電業股份有限公司
網站：http://www.makezine.com.tw
總經銷：時報文化出版企業股份有限公司
電話：（02）2306-6842
地址：桃園縣龜山鄉萬壽路2段351號
印刷：時報文化出版企業股份有限公司
ISBN：978-986-405-017-8
2015年11月初版　定價260元

版權所有，翻印必究（Printed in Taiwan）
◎本書如有缺頁、破損、裝訂錯誤，請寄回本公司更換

**Vol.21
2016/1
預定發行**

www.makezine.com.tw 更新中！

下列網址提供本書之注釋、勘誤表與訂正等資訊。　makezine.com.tw/magazine-collate.html

C RUNNING FAIRE

科技人創意路跑嘉年華

- 活動日期：2016年01月23日（六）06:30
- 報名期間：2015年07月06日（一）～ 2015年 **11月23日** 即將截止，趕快上網報名!!
- 集合地點：大佳河濱公園（10號水門進入）
- 賽事項目：21K有練過組 / 21K團體競賽組 / 10K很會跑組 / 3K嘉年華組
- 報 名 費：NT$950元 / NT$950元 / NT$650元 / NT$550元
- 活動贈品：排汗運動衫、紀念造型公仔、碧兒泉 男性基礎保養旅行組 / 男性控油保濕試用組
  、ZA MEN 男性洗面乳 5g、敏通日本進口紅富貴茶粉、紀念鑰匙圈(3K,10K)、
  紀念毛巾(10K,21K)，另還有完賽紀念獎牌(21K)、完賽證書(21K)、束口袋(21K有練過組)
  、防水鞋袋(21K團體競賽組)、G‧U‧M日本牙周護理牙膏/潔齒液組（10K）..等多項好禮。

報名費 5% 捐贈財團法人流浪動物之家基金會

財團法人流浪動物之家基金會
Help Save A Pet Fund Taiwan

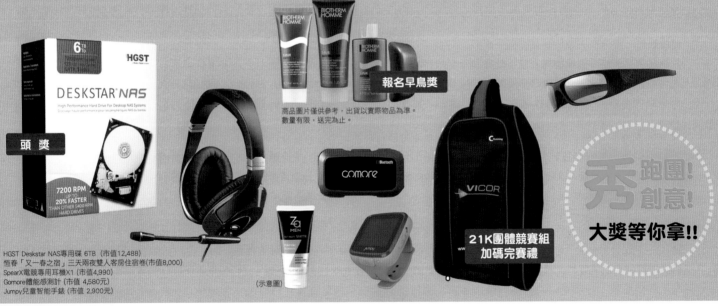

頭獎

報名早鳥獎

商品圖片僅供參考，出貨以實際物品為準。
數量有限，送完為止。

21K團體競賽組
加碼完賽禮

秀跑團！
秀創意！
大獎等你拿!!

HGST Deskstar NAS專用碟 6TB（市值12,488）
恆春「又一春之宿」三天兩夜雙人客房住宿卷(市值8,000)
SpearX電競專用耳機X1(市值4,990)
Gomore體感測計（市值 4,580元）
Jumpy兒童智能手錶（市值 2,900元）

(示意圖)

 armour.   ANALOG DEVICES    賀智博旅館管理顧問有限公司 Hot Point Hospitality Management Consulting Co.   BIOTECH 敏通健康生技   BIOTHERM HOMME 全球NO.1男仕保養30週年   cādence   長榮生醫 Evergreen Bio-medical    Gomore

 G‧U‧M HEALTHY GUMS, HEALTHY LIFE!   HGST   愛思   JUMPY   KEYSIGHT TECHNOLOGIES   KUKA    LITEPOINT   Minitab Independent Local Representative

 MICROCHIP   貿澤電子 MOUSER ELECTRONICS.   natracare healthier by nature   NEC   pH5.5 sebamed 運動沐浴乳   SEEDS 聖萊西寵物機能管理食品   Shun Chen Bakery 順成蛋糕    SpearX

 圓山大飯店 THE GRAND HOTEL    VICOR   ZA MEN   ZIV 運動眼鏡    正光金絲膏

主辦單位：遠播資訊股份有限公司
共同主辦：Make雜誌（馥林文化）、MakerPRO（成城共創股份有限公司）
協辦單位：喬恩公關
執行單位：圓點整合行銷有限公司
服務專線：(886) 2-2585-5526 #225、210。Email / imc@ctimes.com.tw

CTIMES

🔍 科技人路跑

活動網站：crunningfaire.com

無人飛行載具是下一個極限運動競賽？ 譯：謝孟璇

Is **Game of Drones** the **Next X Games?**

馬凱·柯恩布萊特（Marque Cornblatt）這位「無人飛行載具大對決」（Game of Drones）的共同創辦人，總有能耐抓住眾人的目光。他舉辦的比賽，無論場地在室內或室外，都能看到無人飛行載具大戰的熱血畫面。柯恩布萊特也錄製熱門影片，其中有一部高潮迭起的影片特別具有娛樂效果，展示無人飛行載具面臨一連串危險試煉。例如，他操控無人飛行載具飛入一個玻璃窗格裡，然後以自由落體的方式垂直降落四百英呎，最後墜毀於地。更誇張的是，無人飛行載具還成為射擊練習的目標，在他的YouTube頻道上，《手槍vs.無人飛行載具》（Shotgun vs. Drone）的影片瀏覽人次已超過一百萬。

迷上無人飛行載具前，柯恩布萊特常玩的是一臺能錄影的機器人「史巴酷」（Sparky）；他曾經把它帶到第一屆灣區 Maker Faire上展示。每一年他都會再次改良史巴酷，試著從類比機器人規格，升級成數位遙現（telepresence）的機器人。「我是個自造者，不喜歡沿用去年的科技，喜歡用新技術。」在他的努力之下，史巴酷從300磅輕量化到6磅。

在那之後，柯恩布萊特又繼續一項瘋狂的計劃，就是「水男孩與水桶頭」（WaterBoy and BucketHead）的奇特發明。「我想為內華達州黑石沙漠的『火人祭』（Burning Man）做件無敵瘋狂的事。」他想把自己封在灌滿水的整身套裝裡，像個顛倒的潛水鐘。「我聯絡一些擅長製作特效和潛水衣的專家，告訴他們：『我想做這個。』他們回我說：『不行，這做不到。而且你有可能掛掉。』」

他後來發現，這個組合的其中一半「水男孩」其實非常像水床，而灣區的一家水床製造商，竟然義不容辭，答應為他製作。穿著另外半套「水桶頭」時，他看起來就像一個把頭塞入超大金魚缸的人，而且裡頭真的有水。「我覺得我根本是個試飛員。」柯恩布萊特在Maker Faire上與另類樂團「OK Go」一起表演，樂團主唱達米安·庫拉許（Damian Kulash）上臺時，就穿了「水男孩與水桶頭」在水底演唱歌曲，完成一場令人難忘的表演。

柯恩布萊特接著嘗試的是遙控車與遙控飛機。「我很容易覺得無聊，所以總是在找有趣的樂子。」剛起步時，他與賈斯丁·格雷（Justin Gray）以及奧克蘭其他的發明玩家聚在一起，彼此「對撞玩具」。後來每週開始固定聚會，「飛機俱樂部」（Flight Club）便形成了，專門玩無人飛行載具的對決。「獨樂樂不如眾樂樂嘛。」

「開始無人飛行載具對撞後學到的第一件事，就是商業無人飛行載具其實超脆弱，而且零件很昂貴。」他希望讓無人飛行載具的機身更堅固。於是，他與共同創辦人伊萊·德里亞（Eli D'Elia）攜手，在Kickstarter群眾募資平臺發起「打造一臺不需維修的飛機機身」計劃。柯恩布萊特並製作影片幫助募資，如此逐漸累出「無人飛行載具大決鬥」的高人氣。

在這個比賽中，參賽飛行員的無人飛行載具必須全都進入籠子裡，把對手的飛機擊倒、癱瘓它們，讓對方無法快速修復飛機、再回到比賽。有些飛行員對特技比對戰鬥更感興趣，所以柯恩布萊特開始把展示新技巧這一項加入賽事中。現在，「無人飛行載具大對決」的比賽還包括要求飛行員帶上FPV航拍護目鏡（請參考22頁「FPV方程式」）。他們現在較勁的是更新的品種，嬌小、快速、憤怒，就像兇猛的大黃蜂一樣。

柯恩布萊特還是賽車愛好者，曾在美國賽車俱樂部（SCCA）受訓；他相信像「無人飛行載具大對決」這類的比賽，是推動科技顛峰造極的方式之一。福特汽車的創始人亨利·福特就曾是賽車運動的重要推手；他曾開辦賽事，締造地表最快速度。而宣傳也是福特的目標之一，希望人們談論汽車能耐的同時，讓汽車變成更通用普及的交通工具。比賽開辦時，亨利·福特手下許多駕駛根本不是賽車選手。他甚至找了一位好勝的自行車手巴尼·歐菲爾德（Barney Oldfield）來參加，儘管歐菲爾德根本不懂什麼駕車技巧。誰知道，歐菲爾德坐上福特汽車後，竟然在一分鐘內跑完一英哩，是史上首位達到一小時60英哩車速的駕駛。

柯恩布萊特希望透過賽事與其他飛航遊戲，吸引更多人關注無人飛行載具。跟滑板與小輪車（BMX）等極限運動競賽一樣，「無人飛行載具大對決」逐漸成熟，發展出獨特的技巧與動作，同時吸引更多人的興趣——甚至包括不懂得飛無人飛行載具的人也會看比賽。◉

戴爾·多爾蒂
Maker Media 的創辦人兼執行長。

Romie Littrell

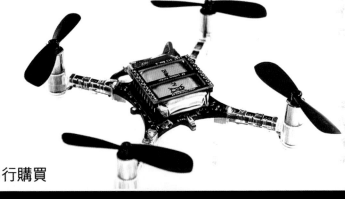
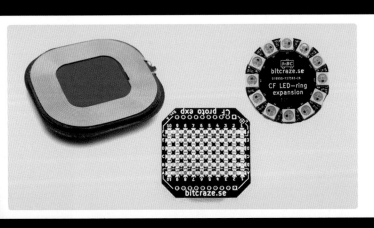

MADE
ON EARTH

綜合報導全球各地精采的DIY作品　譯：黃涵君

跟我們分享你知道的精采的作品
editor@makezine.com.tw

液態玻璃
BROKENLIQUID.COM

在紐西蘭沿海小鎮成長的班·楊（Ben Young），受到其海岸線的熏陶而創作出這像在流動的玻璃雕塑。他說「我的人生時常都圍繞著海洋，它占了我創作中很大的一部分。」

32歲的他正職是造船者，同時也是一位衝浪手。17歲時從當地玻璃工匠拿到一般用來製作窗戶的玻璃，因而開始接觸到浮法玻璃。「你可以做到口吹式玻璃工法無法做到的事。」楊解釋浮法玻璃工法沒有吹製玻璃時需要的冷卻期，所以他可以製作更大的玻璃。「我對玻璃材質本身有種迷戀。」他說：「創作過程是無法預料的，它將隨著切割的方式以及光線如何於其中遊走而產生變化。」

楊剪裁卡典西德、黏合回收的窗框，在玻璃中創造了一個密閉空間，像孕婦懷著一個懸浮的胎兒。「我喜歡玻璃母體中帶著一個生命的想法，」他說：「用女性的形象去表現這個意念是再好也不過了。」

　　　　　　　　　　　—蘿拉·墨瑞

貴族收音機 KIPGEN.COM

Mike Hill

Tom Kipgen

　湯姆・基普吉（Tom Kipgen）使用稀有的零件和古典的外形架構，以手工製作美麗的老式真空管，以及電晶體收音機。

　將近二十年，這名木匠、退休業務員專為收藏家、朋友和家人打造客製化收音機組。你可以在他的網站看到獨一無二的設計：有一組電晶體收音機名為水晶獨眼巨人，點唱機裝上象徵眼睛的圓形廣播顯示器，造型討喜；還有一組名為罐頭火腿的收音機，看起來很可口的。

　這些收音機並不是只有設計新穎而已，B-1 轟炸機電晶體收音機使用各個從不同電子商店蒐集而來的轟炸機零件：電阻、電容、7BA1 二極體等，巧妙組合在一起。

　基普吉還有另一項精湛的木工技藝：原聲吉他，收音機和吉他時常同步製作。有些收音機需要幾個小時，有些則需要幾周的時間完成。「獨特造型的收音機並不常見，我得說我在這方面創意無限。」居住在奧克拉荷馬州 67 歲的湯姆這樣表示。

　　　　　　　　　　　　—艾爾・文泰卡

紙板卡塞爾
運輸者
THOMASRICHNER.BLOGSPOT.COM

BROKENLIQUID.COM

湯瑪斯・瑞切爾（Thomas Richner）也許正打算要清理地下室，不過他靈機一動，想到這一大疊厚紙箱有了比資源回收更好的用途。瑞切爾花費超過140個小時，精心將這些厚紙板改造成惟妙惟肖的星際大戰千年鷹號（The Millennium Falcon）。

這架模型不只是看起來厲害而已，它實際的比例跟當初這部經典電影使用的模型一樣。除此之外，細節也一點都不馬虎，這個紙板模型上還裝有收放式起落架。

瑞切爾身為一個職業的動畫師，很喜歡將某個東西實體化。

「近來已經有許多東西都變成數位化，驅使我去完成這模型的動力是我想創造一些有形的東西。」他說：「有些連結和樂趣，是數位世界所不可企及的，只有實際碰觸才能感受到。」

—凱勒・卡夫特

Thomas Richner

甜蜜城市 BRENDANJAMISON.COM

　　下次在茶杯裡加糖的時候，想像一下班登·傑米森（Brendan Jamison）的雕塑作品以及充滿無限潛力的小方糖正在你的杯子中慢慢溶解。

　　傑米森表示：「最初是受到建築磚狀結構形式的吸引，」進而開始運用常見的材料來挑戰建構的極限。

　　過去十年，傑米森精心雕刻了無數件作品，從和小牛等高的壁爐到縮小版的中國萬里長城。過程中只使用方糖及黏著劑。

　　最近，他和雕塑家馬克·瑞爾斯（Mark Revels）合作展開更具企圖心的創作：糖心

大都會（Sugar Metropolis）。全部使用方糖搭建跟組合一系列從紐約、洛杉磯到貝爾法斯特的城市風貌。

　　「使用方糖創作的美感在於有太多種的排列組合，也可以同時操作不同層面，」傑米森說。觀眾也可將形狀、質感，甚至是嗅覺融入他們的觀展經驗。

　　——安德魯·所羅門

健康照護自己來
HANDS-ON HEALTH CARE

莎拉・布雷斯勒
Sara Breselor

舊金山的記者與編輯，為《哈潑週刊》（ Harper's Weekly Review ）、《連線》（ Wired ）與《傳達藝術》（ Communication Arts ）報導科技、藝術、文化等五花八門的消息。

文：莎拉・布雷斯勒　譯：謝孟璇

看麥可・巴爾札如何利用3D列印與造影技術幫助妻子重回健康。

2013年的夏天，麥可・巴爾札（ Michael Balzer ）的健康終於無虞。幾年前，他曾因長期糾纏的病痛而失去工作；隨健康逐漸恢復，才重新開啟他3D繪圖的個人事業，同時協助身為心理治療師的妻子潘蜜拉・史考特（ Pamela Shavaun Scott ）發展遊戲成癮的治療法。巴爾札熱衷的其實是科技而非醫學，不過在這個過程中，他常看到疾病及復健的相關資料。當時他並未察覺這當中的關聯，直到同年夏天，他的3D設計、掃描與列印事業才剛起步不久後，情況有了轉變——2013年8月，他的妻子史考特出現頭痛不斷的症狀。

這可能並不是什麼大事，但由於妻子史考特幾個月前才剛動過手術、摘除甲狀腺，所以他們倆一直密切觀察著，手術是否帶來併發症。巴爾札不斷督促妻子去做核磁共振（ MRI ）的檢查；她完成後，掃描卻顯示她的頭顱內部靠近左眼後方，出現一顆三公分大的腫瘤物質。他們自然是嚇壞了，但當時負責判讀放射線報告的神經學家，似乎不太憂心；他認為這類腫瘤在女性身上司空見慣，建議史考特一年

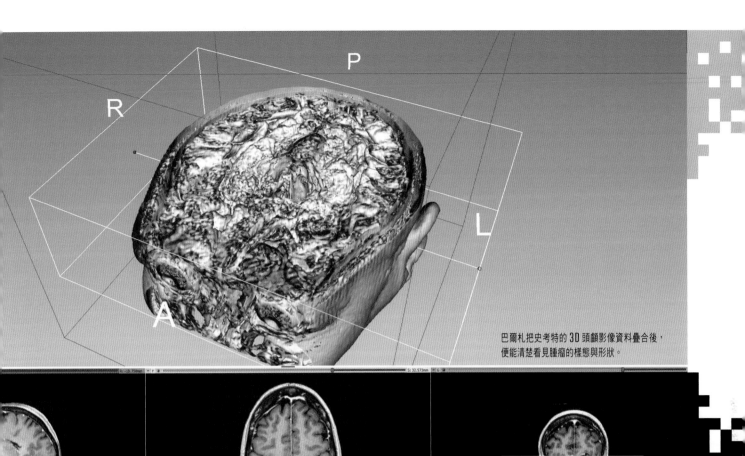

巴爾札把史考特的3D頭顱影像資料疊合後，便能清楚看見腫瘤的樣態與形狀。

後再檢查一次即可。

這種解釋巴爾札並不放心。史考特的甲狀腺手術給他們的教訓就是，最好的醫療照顧，一定要預防勝於治療，而且得蒐集充足的資訊。傳統的甲狀腺摘除手術，會在脖子上畫下一道大型傷口，其恢復過程相對漫長且不適，還會留下長疤；不過，當他與史考特開始思考其他替代方案時，他們發現，如果從現在居住的加州，去到匹茲堡大學醫學院（University of Pittsburgh Medical Center）的機器頭頸手術醫療中心（Center for Robotic Head and Neck Surgery），就能免去這種手術。該中心的外科醫師使用比人手更精密的機器手臂，大幅減少移動的幅度，縮小手術的範圍，動刀更為精準。那次經驗不僅讓巴爾札與史考特對現今醫療科技大開眼界，也體悟到自己做功課的重要性。因此，現在儘管史考特的放射醫師建議他們再觀察，他們依舊把MRI報告送到全國各地神經學家身邊；而幾乎所有見過報告的人都一致認為，史考特需要動手術。

在此同時，巴爾札也申請到了史考特的DICOM檔案（具標準通訊規格的醫療數位影像傳輸協定檔案），這樣他能在家中自行讀取、研究。這是非常關鍵的一步。幾個月後，史考特做了另一次核磁共振，而放射師帶回一個駭人的結果：那就是腫瘤持續在擴大，情況比最初診斷的還要嚴重。不過，回到家中，巴爾札使用Photoshop繪圖軟體將新的DICOM檔案層疊在舊檔案上一同判讀時，發現腫瘤其實並未擴大，放射師可能只是從影像另一面來測量，才得出這種結論。鬆了一口氣後，巴爾札接著感到怒不可抑，他更加堅定決心要參與且掌握史考特的療程。「我心想，『要做何不做到底？』」巴爾札說，「我開始找是否有什麼工具，不只能讀取DICOM的平面圖片，還可以把它轉成3D模型。」這個念頭改變了一切。

巴爾札是前任空軍技術指導與軟體工程師，同時也是3D造影技術的愛好者，大概比一般人更有條件能如此利用醫療診斷科技。不過，雖然他的背景讓事情容易些，卻不代表其他人必須先具備那樣的背景知識，才能善用3D造影技術來了解診斷結果與治療方法。一些基本的自造者工具與軟體，已經能打造出開創且進步的醫療照護。這不僅表示頂尖醫療的價格將變得更合理、服務變得更快速、範圍變得更普及，或許最關鍵的是代表我們一般人，也可以善用同樣的工具，確保自己的醫療照護達到一定水平。

3D列印這個領域才剛起步，卻已經為非DIY的醫療照護帶來不可思議的改變。在中國與澳洲，3D列印移植手術已經合法。醫生能把訂製的鈦骨盆、肩胛骨、腳踝骨移植到罹癌與畸形的部位上，而且移植部位其所生產的速度、精度與強度，都是過去無法想像的。

一個英國與馬來西亞的研究團隊，曾經使用過複合材料3D印表機製作模型人頭。模型具備逼真的皮膚、顱骨、大腦物質等，也帶有腫瘤疾病，藉此讓醫學系學生安全地操練高風險的手術。美國密西根大學的兩位醫生，也利用客製的氣管夾板，醫治兩位患有氣管支氣管軟化症，導致呼吸道塌陷的幼童。這種夾板讓氣管肌肉順利生長，在支撐的同時，逐漸被病患的身體安全地吸收。

但是最常見的應用，其實也是最簡單的

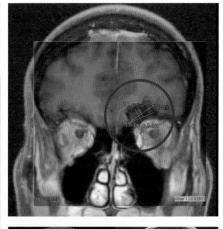

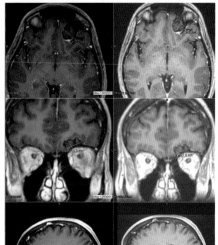

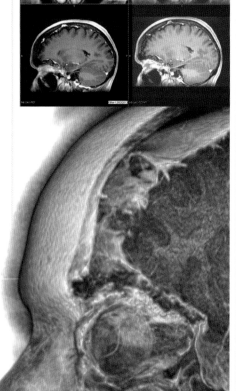

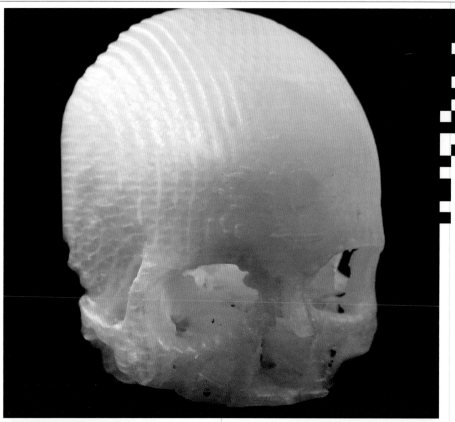

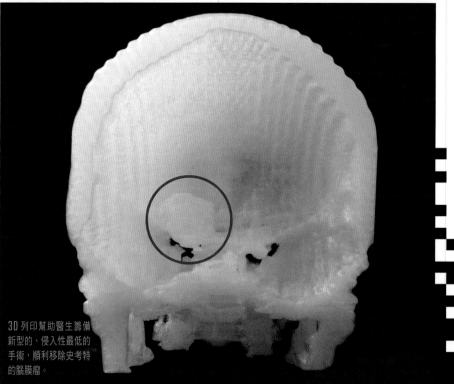

3D列印幫助醫生籌備
新型的、侵入性最低的
手術,順利移除史考特
的腦膜瘤。

那種:以精準的3D器官模型,呈現病人的電腦斷層(CT)掃描,使醫生能先行安排手術並準備步驟。這類軟體與器材對任何人都很容易取得──曾有位愛荷華大學的外科醫生發現當地的某位珠寶製造商有3D

印表機,然後說服他在閒暇時間,不妨動動手為大學製作客製的心臟模型。

巴爾札希望,為史考特製作具體的頭骨模型,可以幫助明辨腦瘤的位置與大小,再去思考怎樣的治療法為上策。要摘除史考特所罹患的這種腦膜瘤（meningioma），通常需要接受開顱手術（craniotomy），也就是說需要把頭顱鋸開。她的腫瘤位於腦下，因此醫生基本上必須把她的大腦移出頭顱才有辦法摘除腫瘤。光是用聽的，就知道這樁手術極其冒險。神經可能因此損壞，病人可能喪失嗅覺、味覺，甚至視覺。回顧她曾經歷過的甲狀腺手術，巴爾札夫妻忍不住想，現在是否也有類似低侵入性的手術可考慮。

於是巴爾札下載了InVesalius這種免費軟體；它是巴西一研究中心發展的程式，可將MRI與CT掃描資訊轉換成3D影像。他用這個程式把史考特的DICOM造影轉成3D版，從各個角度觀察這顆腫瘤。接著他上傳檔案到Sketchfab網站，分享給其他地區的神經學家，希望找出有誰會有意願，嘗試新的手術方法。

或許這相當合理，因為最後巴爾札找到了有意願的醫生，剛好就在史考特動甲狀腺手術的匹茲堡大學醫學院。那裡一位神經外科醫師同意使用最輕程度的侵入性手術，那就是僅僅使用一支微型鑽孔，從史考特的左眼皮刺入，摘除腫瘤。巴爾札已取得了許多透視圖與資料，以他的MakerBot 3D印表機製作出與史考特前頭顱同尺寸的模型。此外，為了讓醫師掌握微型鑽孔手術的概念與計劃，巴爾札還把其中一個模型送到匹茲堡讓他參考。

巴爾札就在無意間，成了德州奧斯丁「醫療創新實驗中心」（Medical Innovation Lab）的研究者們所預測的，即將出現的醫療新範本。實驗中心執行長麥可·派頓博士（Dr. Michael Patton）說：「引入3D列印資料來幫助醫療程序、解釋病情診斷，這將會變成新的常態。」

這間實驗中心在2014年成立，目的是把新的醫療設備與科技創意引介到現有的市場上。派頓博士說，這個市場的大門可說是為巴爾札這樣具創意的思想家開啟；他並指出，3D列印技術還能加速醫療產品、工具與裝置的改良與發展。「現在的3D列印領域與軟體世界很像：產品快速更迭、淘汰劣質品、加速測試過程。」派頓說。「你可以先列印原型，然後製作器官模型以便測試產品。你也可能因此免去一些動物實驗

的過程，在大規模臨床實驗前，先行概念的驗證。」

實驗、測試與研究極其關鍵，而該中心的重大任務之一，就是希望將醫療上的創新導入常規程序中。「此任務規模龐大而且負荷繁重。」這是為什麼很多出色的想法最後只能停在空想階段。但是，派頓不認為使用3D列印模型來籌備手術，會造成什麼監管上的問題；他還預測，把簡易的掃描與列印技術帶到市場上，應該不困難。「因為這是屬於掃描技術與3D列印的新領域，不像移植手術會碰到那麼多的監管障礙。」他很期待有一天，人們能在家掃描自己的骨折部位，並自製可透氣的石膏。

假以時日即將出現的另一種驚奇工具，就是手持式醫療造影裝置。使用者能以超音波掃描來生成3D影像——不再非做MRI不可——接著把影像上傳到雲端裝置，由世界各地的醫生下載取用。一個名為「蝴蝶網絡」（Butterfly Network）的新創公司最近便募得一億美元的資本額，打造出這種設備與雲端工具；它能辨認且自動診斷一些異常狀況，像是胎兒顎裂（cleft palate），且與時俱進地追蹤。若上傳的掃描檔數量繼續增加，診斷也更能自動化。

派頓說，與其和醫療領域的專家合作，他更期待能與發明家和自造者結夥。「很多人因為教育背景的關係，總是埋頭苦幹，專注在行醫上；有時候他們不會起身質疑為什麼非這麼做不可，或是否另有他法。」巴爾札就是一大表率。3D掃描與列印不只讓他取得高科技的醫療資訊，也讓他在醫療體系中，有能力影響決策過程。派頓說的沒錯，這真的是醫療創新裡，極度前衛的新典範。

事實上，巴爾札已經開始發展類似「蝴蝶網絡」的醫療用產品，結合可攜式的3D掃描檔案，讓醫生與病人透過經《健康保險可

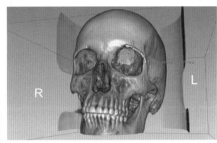
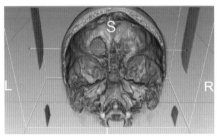

位於史考特左眼後方，三公分大的腫瘤。

攜與責任法》（HIPAA- compliant）認可的雲端伺服器平臺，共享影像檔。他也用更多心思在教育上，錄製名為「3D無所不包」（All Things 3D）的網路推播（podcast），邀請醫生來對談，最近還籌辦了一場免費的3D醫療座談會。「我最想告訴人們的，就是這類工具已經出現了，而且很多都是免費的，」巴爾札說，「所以首先要告訴大家，你並非想像中的束手無策。你的朋友有臺3D印表機嗎？去用用看。」

2014年五月，史考特在UPMC接受了手術，從左眼一個小開口順利移除腫瘤。神經外科學家發現，該腫瘤已經開始纏住她的視神經；如果她拖延六個月之久而沒有動刀，可能會出現嚴重，甚至永久的視力衰退。手術歷時八個小時，95%的腫瘤都被摘除，三個禮拜後她就能回到工作崗位上。她的傷疤小到只有她自己看得出來。◐

換你動手

想要3D列印出自己的醫療資訊嗎？首先，向你的醫生申請DICOM檔案，下載3D Slicer（slicer.org）程式，然後使用Region Growing工具切割影像。擷取表面的3D網格，存成STL檔。接著，使用ParaView（paraview.org）視化軟體，把它簡化成可控數量的三角形。欲知更多資訊，請查閱《MAKE》Vol.18第83頁，或造訪makezine.com/projects/3d-print-your-medical-scan。

Itty Bitty Boards 小不點兒電路板

文：DC・丹尼森（DC Denison） 譯：謝孟璇

與TinyCircuits創辦人兼總裁對談

Tim Hollister Photography

TinyCircuits是專門設計與製造微型電子零件的開放原始碼硬體公司。創辦人兼總裁肯‧伯恩（Ken Burns）於2011年窩在自家臥房，以零碎空間開創這間公司時，其實只是把它當副業。但如今，這間公司已逐漸茁壯，它落腳於俄亥俄州阿克倫城（Akron）舊輪胎工廠裡，擁有七位員工，銷售40件以上的微型產品。

你曾投稿到《MAKE》雜誌，談到你用自己設計的電路板，追蹤康利（一隻野生的貓）。當時你並未多說追蹤結果是什麼。現在你有什麼收穫嗎？

大家都愛死了這個作法。照我估計，現在用我們的電路板來追蹤的貓大概有200到300隻左右。我發現康利很懶惰，因為他多半時間都在我鄰居的小屋旁睡大頭覺。

把電路板做得很小時會有什麼影響？

我們的產品基本上是Arduino系統，所以它與一般Arduino沒兩樣。不過如果能縮小它的體積，它就能植入到更多地方，像是放到非常小的火箭裡，也可以用來啟動並控制小型火柴盒車、假手等。

你有客戶是間諜嗎？

一位曾任職我們公司的前員工，用我們的科技做了一個小型間諜裝置，偷偷塞入我的書櫃裡。他用那個裝置來控制我的空調，三不五時開開關關的。那真的很煩；我是到後來才發現。

你們的TinyCircuits是在美國國內生產製造，你是怎麼辦到的？

對我們而言，在阿克倫生產其實比外包到中國還要節省成本。首先，這在舊金山是行不通的，因為光是勞力與空間的成本，就會讓你無法負荷。軟體創業從舊金山出發有其道理，不過若是想做硬體創業，美國中西部會更適合。同時，在這裡並不難找到稱職的電機專家，付給他們合理的薪水。我們周遭還有許多傑出的理工大學，像是匹茲堡卡內基美隆大學（Carnegie Mellon）、俄亥俄州凱斯西儲大學（Case Western），以及艾克朗大學（Akron University）。

在行銷微型科技時最大的困難是什麼？

硬體創業最大的困難，是在Kickstarter募資結束後出現。最常見的狀況是，當你好不容易完成Kickstarter上的所有訂單，接下來那一個月，你只會剩下二十分之一的工作量。那時會很辛苦。所以如果你跟我們一樣，募到11萬美元的訂單，那麼在那之後，你恐怕只會有5,000元的營收。那個大幅跌勢很明顯。

這種跌勢一直被稱作「死亡幽谷」。

因為你原本手上握了一筆創業的錢，知道自己該產出多少，埋頭苦幹就對了；但在那之後，卻必須重新弄清楚，公司需要多少利潤才能走下去。那真的很棘手。剛開始我們是募了11萬美金沒錯，但等到產品交付後，卻倒過頭來負債了5萬美元。我不知道有誰真的從Kickstarter賺到錢。

你如何走出死亡幽谷？

我們不停參加Maker Faire，與人們攀談。我們也很認真經營部落格，並在Facebook上發文。如果你能讓個體戶來買你的電路板，由他們推薦，傳遞效果會非常驚人。過去兩年我們就累積了這樣的能量；那是相當緩慢、動態而有機的成長。

你的所有硬體都是開放原始碼，為什麼？

這麼做帶來許多好處。我們的硬體並不複雜，如果有人真的想抄襲，可以說是輕而易舉，所以封鎖硬體的資訊無法保障我們什麼。不過開放原始碼之後，我們就能參與更大的社群，有容乃大。最棒的是，這麼做能點燃創新的引信，當人們願意使用，添加自己的發明，再回饋給我們，這整個創意庫會因此更豐富，創新的速度也會加快。●

「照我估計，現在用我們的電路板來追蹤的貓大概有200到300隻左右。」

DC‧丹尼森
DC Denison
是《Maker Pro》電子報的編輯，該報內容主要是報導與自造者及企業相關的消息。他也曾任《波士頓環球報》（The Boston Globe）科技版編輯。

欲得知更多《Maker Pro》的內容，請造訪makezine.com/category/maker-pro。
敬請至makezine.com/maker-pro-newsletter訂閱《Maker Pro》電子報。

Make: 21

SPECIAL SECTION

不要獨自飛翔

ROTARY CLUB

多旋翼的時代

文：編輯部　圖：赫普・斯瓦迪雅（Hep Svadja）

一個人在自家後院
玩四旋翼樂不可言，不
過大夥兒一起玩更是樂趣
無窮。有些玩家喜於表演
飛行特技，有些玩家勤於
參與競賽，有些玩家著迷
於對撞飛行載具的刺激。
近年來，世界各地的飛行
員開始群聚，爭相展現自
己絕佳的製作技巧和超凡
的飛行技術。各樣飛行協
會紛紛成立，多種競賽章
程因運而生，甚至培養了
一些明星飛行員。最棒的
部分是，我們還有一片天
空！趕快帶著你的飛行載
具，加入這場盛會，多
旋翼的時代已經來臨！ ◢

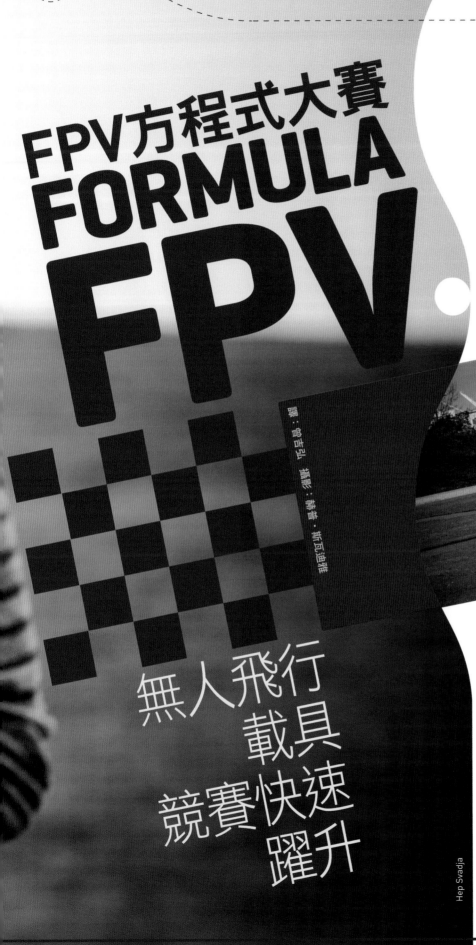

FPV方程式大賽
FORMULA
FPV

無人飛行
載具
競賽快速
躍升

譯：曾吉弘　攝影：賴喬．斯瓦迪雅

Hep Svadja

在加州柏克萊的賽薩・查維斯公園某個灰暗、起風的日子裡，各種小型的推進器以不同的音高嗡嗡作響，將無人飛行載具拉升到冷冽的空氣中。許多駕駛員正在舊金山灣區這片長滿草的開放空間中準備設備，忙著更換推進器葉片或設定第一人稱視角（FPV）裝置。

「誰開機了啦？」艾略特・坎伯（Elliott Kember）叫著，他的影像被干擾了。「有人佔了我的頻道！」

不遠處，一整排用發泡管包起來的PVC柱劃分出了一個臨時性的賽道，長度綿延數百英尺。有好幾個髮夾彎、兩個90度彎還有一道低矮拱門，全部都以亮橘色標示，

方便駕駛員透過無人飛行載具上的攝影機清楚辨認賽道。

這個社群的聚會名稱叫做FPV探險家與競賽者（FPV Explorer & Racer），創立於去年夏天。他們每周聚會一次，通常是在星期天出來晃晃，也順便一起飛無人飛行載具。

準備好之後，會有四位參賽者把他們的無人飛行載具放在拱門下的出發墊上。透過頭戴式顯示器，參賽者可以看到從飛行器上的攝影機傳回的即時影像。當有人出來從三倒數到一時，無人飛行載具就會升空並衝向第一個彎道。

它們的飛行速度超快（大部份都能超過50 mph），不過更驚人的是它們的加速性能。無人飛行載具轉彎就像是在甩

SPECIAL SECTION

幾乎任何開放空間都可做為無人飛行載具賽場。主辦單位會設置各種圈圈、旗幟以及柱子來製作挑戰性十足的場地,或是利用像是建築物或是樹木之類的現成的障礙物。

「不需要太大的空間就能為駕駛員搞一些超酷的東西出來。」

尾車:在空中向著一邊滑動時,機身已經轉到面向所要前進的方向了。參賽者坐在地上或摺疊椅上,全神貫注在手中的控制器與地平線。

「我們看起來就像是雷.查爾斯(Ray Charles)在彈鋼琴。」坎伯不禁回想。

這是個四圈的賽事,但說真的,這個競賽比的是看誰撐得久。一臺無人飛行載具摔到地上,然後像滾下坡的滑雪選手一樣滾個不停;另一臺則迷失方向,逕直往賽場外面飛去(FPV 基本上沒有周邊的視野,因此駕駛員跟丟賽道標記的話,就很難再找到它們)。剩下的兩名競爭對手在場地附近亂飛一陣子之後,其中一臺(就是坎伯的那臺)終於脫穎而出,成為公認的冠軍。

FPV競賽現在成了無人飛行載具賽事的當紅炸子雞。在過去幾年以來,愈來愈多駕駛員開始自製機種來參賽。機身一般來說都是小型的四旋翼機型,對角線兩端的

迴轉軸之間不到10英吋。

它日趨熱門的原因之一在於它很快、很好玩且容易上手。

卡羅斯.普耶托拉斯(Carlos Puertolas)表示,人們會想像自己可以做到這件事,很多人都說他就算不是全世界,至少也是灣區最厲害的無人飛行載具競賽選手。相關技術已經愈來愈便宜又簡單了;飛行新手只要花費數百美金就可以展開他/她的首航,採用現成品的參賽者也大有人在。

普耶托拉斯由Luminier公司所贊助,使用該公司的機體來飛行、錄製影片,也對該公司生產的競賽用四旋翼提供設計上的諮詢服務。不過他還是建議玩家自行組裝:「買現成的載具完全沒有錯,但自己製作的話可以學到更多知識,不只知道如何修理,還可以對所面臨的問題來除錯,

最後理解問題所在。」

去年秋天,一群自稱是Airgonay的歐洲愛好者在法國一處森林架設賽道,然後拍了FPV無人飛行載具以接近70 mph在場中穿梭自如的影片,上傳到網路後開始走紅。如同美國的FPV探險家社群一樣,這個社群的成員背景與專業各異,什麼時候有空能飛一下就會聚在一起。

Airgonay創辦人赫維.佩拉林(Hervé Pellarin)說:「這其實就是我們的午休時間,這就是我們每天在做的事情。」他負責Fat Shark與ImmersionRC這兩家FPV公司的行銷業務。「我的經驗啦,不需要太大的空間就能為駕駛員搞一些超酷的東西出來。只要一小塊森林、樹木與小徑,大家就可以玩一整天了。」

和許多選手一樣,佩拉林把他的無人飛行載具拿來大改特改,換上更大顆的馬達

與迴轉軸，還把標準的三芯電池換成更高電壓的四芯電池，增加速度與推力。這也代表無人機的機動性更高，更容易在障礙物附近拉升與加速。

佩拉林又說：「我們認為『競賽』有其意義。我們對於無人飛行載具只是NASA的玩具、炸彈轟炸機或是殺人武器這樣的說法已經厭煩了。無人飛行載具可以做為一種娛樂；可以成為下一個世代的機械運動。它需要技巧，它需要工程，它也需要高超的駕駛技術。」

這樣的競賽最終會帶動無人飛行載具在設計、機械與技術上的實際進步。為了在物競天擇的聯盟與競賽存活，參賽者無一不尋求突破，努力製作更棒的無人飛行載具，他們需要與不同想法的人競爭（或合作）。

艾利・德利亞（Eli D' Elia）與馬凱・柯恩布萊特（Marque Cornblatt）較為人知的身分是無人飛行載具大對決的創辦人，他們就親身經歷過這個過程。「參加FPV競賽會經驗到一種無法自拔地狂熱。基本上，參加過的選手在那5到10分鐘內，都會以為自己是個超人。」德利亞說。他參與各種極限運動和電玩遊戲已經好多年了，對他（還有許多人）來說，無人飛行載具就像是這幾個世界的結合。「在我心中，它已完全取代電玩遊戲，我已經上癮了。如果可以用第一人稱影像飛行一整天的話，我一定會這麼做。」

當德利亞與柯恩布萊特首次對戰時，他們馬上就了解自己需要重新思索無人飛行載具的設計，好讓它們遇到碰撞不會那麼容易四分五裂。「這類殘酷的無人飛行載具對戰催生了無人飛行載具大對決，」柯恩布萊特說道，「我們知道各種想像得到的工程解決方法，有超高科技的，也有低技術力的。問題就在於，不管使用哪一種方法，它們都摔爛了。」

他們試過了雷射切割的硬紙板、水刀切割的碳纖維還有家用五金做的機架；至終他們理解到所需要的是一些真正能耐久的東西：軍規等級的聚合物合金機身（他們現在販售的就是這種）。「它能挺過對戰、挺過競賽、挺過每周末的飛行練習以及來

自消費者的各項挑戰，包含我們想得到並想要搞定的一連串障礙物。」柯恩布萊特接著說。他認為他們可以將參賽用的無人飛行載具簡化成低成本、表面光滑並且耐摔的長薄片。

如果這麼做的話，他們就是要與Hovership公司生產的MHQ2（3D列印機身、250級）以及新推出的ZUUL（雷射切割碳纖維機身）這兩臺競賽機種來競爭。不過就是12個月之前的事而已，製作者史提夫・多爾（Steve Doll）曾經表示小型無人飛行載具主體大約250 mm，在性能上已經足以支援競賽用的FPV設備，而150級的玩家也逐漸成長。多爾製作並駕駛無人飛行載具好多年了，他將MHQ機身改成H型，而不是常見的×或＋型，因此鑰匙圈大小的監控攝影機在連接了5.8 GHz頻寬的影像傳輸器之後，還能安裝在機身前方，且不會擋到5英吋迴轉軸。

鑰匙圈造型針孔攝影機是相當不錯的選擇，重量輕、影像不會延遲。它們還配有相當不錯的光感測器，從陰影處進到陽光下的狀況也能快速反應。

多爾在競賽與產業之間還看不到太明顯的轉移，產業比較注重在GPS導航、閃避障礙物以及人工智慧，而非如何駕駛與第一人稱影像相關事項。「這真的只是業餘的東西，拿出來只是為了好玩。」他說。「所有這類的馬達與控制器原本都是設計給R/C飛機專用。在某種意義上它還是屬於駭客會做的事，我們有點像是邊做邊學。」

在技術與規則方面也是這樣。Airgonay的佩拉林這麼說：「最好的規則，就是沒有規則。」再者，雖然尚未明文禁止，參賽者會儘量避免碰撞（這點與無人飛行載具對戰不一樣），因為與對手發生任何碰撞都會讓兩臺無人機損壞而退賽。

一切慢慢成形之後，艾略特・坎伯與參賽夥伴泰勒・柯布拉薩看到了成立調校與技術支援公司的利基所在。柯布拉薩選擇名為TBS Gemini的六旋翼出賽，這是由Team Blacksheep所設計的機種，以套件的形式販售。但是在安裝硬體、準備

> 「參加FPV競賽會經驗到一種無法自拔地狂熱……如果我可以飛行一整天的話，我一定會這麼做。」

SPECIAL SECTION

大約 80 位飛手參加了一月中旬的 FPV 競賽與對戰遊戲聚會，本活動由無人飛行大對決與航空運動聯盟（Aerial Sports League）聯合舉辦於加州奧克蘭的港邊公園。

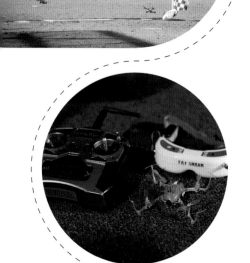

飛行控制器、接收器、影像、下載軟體、校正迴轉軸以及處理一些技術難題等步驟上，光是設定就要花個四小時。他說：「如果真的要參與競賽，還要花一堆時間提升速度，搞懂機器的運作方式、研究飛行控制器的相關概念、調校 PID（比例、積分與微分參數）、連接接收器等。根本是一場惡夢。」

坎伯與柯布拉薩的西岸迴轉軸公司（West Coast Rotors）計劃提供客製化與個人化的服務，目前針對四種熱門機種籌備下場比賽的調整。在 2015 年一月的時候，他們已經接到一大堆訂單了，不過他們只想把這家公司當作副業來做就是了。

隨拆即用的競賽用無人飛行載具套件組尚未普及有一個原因，這也是為什麼這樣的服務會很熱門的原因，就是還有太多部份需要實驗，不確定性很高。在我參加過的各樣賽事中，參賽者會帶一個大箱子，裡頭裝滿各種元件、備用品與替代電池。他們 90% 的時間都是在準備，只有 10% 的時間在比賽。柯恩布萊特說：「我們還在尋找機身零件、馬達與 FPV 設備之間的甜蜜點。還沒有看到必勝方案，大家都還在摸石子過河。」

克特・索莫維爾（Kurt Somerville）贊成道：「一半時間在組裝，另一半則是調校。」他的迷你四旋翼採用巴爾特・詹森（Bart Jansen）以貓標本製作的四旋翼設計（圖請參閱第 28 頁）。它的框架

從中國一個自造者購得，有點混搭風的味道；前方的兩個迴轉軸直接安裝在機身上，後方兩個旋轉軸則沿著機身後方兩側展開。據他所說，這樣的穩定性不錯且機身堅固，只是會因為迴轉軸較小的原因而犧牲了一點動力。

「之所以很酷是因為（FPV 競賽）現在幾乎都是地下運動，」索莫維爾說，「你可以看到，這些關係密切的社群只要有機會就會聚在一起飛一飛。」他接著說，「不過遲早會出現有組織性（甚至電視轉播）的聯盟賽事。」

有許多團體正致力朝這個目標前進。佩拉林正從世界各地招募駕駛員，例如法國、荷蘭與美國（包括普耶托拉斯），期待組成一個自由、非正式但是規模達國際性的聯盟。在一月時，多爾參加 Aerial Grand Prix 在洛杉磯 Apollo XI RC 飛場舉辦的多重賽事，參賽者約有 25 名。身為具有七個分會以上的國際性組織，Aerial GP 在 2015 一整年之間會在荷蘭、法國、澳洲、墨西哥，以及其他各處舉辦比賽，希望未來能建立這項賽事的標準。

普耶托拉斯預料不久的將來會有更多這樣的組織。「我可以想見這會是件大事，」他說，「我還沒看過誰試玩過、戴上眼鏡之後會不驚嘆『哇！』」。🄽

普耶托拉斯表示，「安全」會是這項運動的發展關鍵。
更多小秘訣請參考隔壁頁的〈多旋翼飛行器行前檢查表〉與第 32 頁的〈Drone Derby〉。

文：奧斯丁·富瑞、FLITE TEST社群　譯：曾吉弘

多旋翼飛行器行前檢查表
THE MULTIROTOR CHECKLIST

趕到飛行場地時才發現忘了帶什麼重要的東西？更可怕的是多旋翼飛行器已經飛到半空中時，才發現自己忽略了一些重要的細節，像是拴緊螺旋槳等等。我們整理了一份行前檢查表來幫助你確認所有的細節，祝你飛得安全又愉快。

出門前

☐ 檢查飛機裝載電池和發射器電池電源充足。選用：充電模組。

☐ 攜帶正確的發射器。同時為接收器準備一條綑綁用的線，以備不時之需。

☐ 確認飛行場地當地的天氣——尤其是風速和降雨量。

飛行前

☐ 飛行前將天線置定位，並檢查飛機的飛行範圍。

☐ 檢查接收器和操控板上的線路是否連接妥當。

☐ 檢查螺旋槳是否運作順利，尤其使用久了可能會出現疲態。

☐ 拴緊螺旋槳螺絲。

☐ 電池綁帶。

FPV

☐ 檢查相機電池已經充飽電，而且SD記憶卡空間充足。

☐ 測試FPV螢幕及／或護目鏡。

☐ 檢查護目鏡電池是否充飽電。

☐ 飛行時如果靠近其他物體，調用使用中的影片頻道。

墜機維修包

找到一個安全的地點，最好遠離人群，飛機出狀況或意外墜機時可以就地進行簡單的維修。每個人的墜機維修包內容物不盡相同，這裡提供你一些飛行必備的實用項目。最簡單的方式是準備一個釣具箱，裝進所有的零件，這樣每次出門時就不會手忙腳亂了。

☐ 額外的推進器與螺旋槳螺帽（以及適當大小的扳手或螺絲起子）。

☐ 透明膠帶、電工膠帶、熱熔膠與熱熔膠槍。

☐ 焊鐵，在沒有接電的情況下可由電池或丁烷供電的那一種。

☐ 多種尺寸的束線帶。

☐ 橡皮筋。

☐ 預留的空間與起落架。

☐ 滅火器和急救箱。

請確認你選擇的地點允許此類飛行活動。請取得地主同意且避免飛入禁飛區。在美國，禁飛區包含：

• 主要機場方圓五英哩內
• 大型球場方圓一英哩內
• 國家公園
• 軍事基地

其他各地的限制也要遵守，請參互動地圖：
mapbox.com/drone/no-fly

速度與精準的極致考驗
FPV RACING 101

文、攝影：張秉琳（ArkLab團隊）

Ark Lab多旋翼工坊
致力推廣無人飛行器的各項應用，大至開源的環境監控計畫、小至基於 Arduino 的掌上行四軸飛行器，透過分享降低 Maker 進入飛行的門檻，拉近天空與你我的距離。

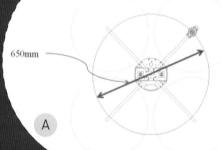

以往無人飛行器在空拍時被要求運鏡溫和及平順，所以穩定性為最優先考量；空拍追求的是畫面美感和高度酬載，而FPV則追求的是靈敏、速度與人機一體的飛行體驗。究竟FPV可以怎麼玩呢？就讓國內的專業無人飛行器玩家來與您分享參加FPV競賽的訣竅！

FPV 競賽方式

國內FPV競賽大致可分為兩種：競速穿越障礙與機關任務障礙。

競速穿越障礙賽

如同一般賽車賽事，經典的賽道必然有髮夾彎和直線加速衝場的設計巧思在裡面，而飛行器競速亦然，但畢竟賽場轉向空中，很難界定是否有越界或是抄捷徑的狀況發生，所以在賽道上設計有「限高環」與「障礙繞行」的機制，確保所有的飛行器都已通過，若是衝過頭就得乖乖回頭重來。

機關任務障礙

機關任務障礙又是另一種考驗技巧的

方式。飛行器在三度空間中運動要控制得宜需要許多技巧，在臺灣已辦理數場的多旋翼障礙挑戰賽即是為了訓練飛手細緻的操控能力。關卡設計包含了高低落差起伏的項目，考驗的是飛手的油門控制細緻和靈敏度。此外，也會加入氣球爆破的元素等，以增加競賽趣味性。

競賽用飛行器的挑選

多旋翼的螺旋槳通常布置在以同一平面，為了不讓槳跟槳之間發生「打槳」的干涉狀況，槳間距最好保持15mm以上，槳間距係指以馬達為圓心，也就是槳跟槳之間在旋轉之時最靠近的距離，而通常我們會用「軸距」來定義四軸飛行器的級別，例如最常使用在穿越賽的飛行器級別即為250級，其所代表的意義是兩對角線馬達中心的直線距離，要怎麼在機架大小和槳的大小間取平衡就成了重要的考量了（圖 A ）。

250軸距

無論是多旋翼競速賽或是需要精準細

膩的障礙穿越賽，過於龐大的機身都會增加飛行時碰撞的風險；且刺激熱血的穿越賽事往往都是在戶外舉辦，飛行器必須要具備基本的抗風能力。鑒於此，輕巧的機身在動力配置上尚有餘裕掛載攝影機等負載，又能靈活地穿梭軸距250mm的飛行器便成為首選（圖 B ）。與一般對稱四軸不同的是前後方夾角大於45度的設計，以往對稱的設計在空拍時有時會不慎拍到旋轉中的槳葉，因而拍下失敗的空拍照。兩軸角度更大、使視角更開闊的話，就比較不容易曝光了。

穿越機麻雀雖小但五臟俱全，和一般大型的空拍設備一樣具有無刷馬達、飛控板、電子變速器、電池這些基本架構。

穿越機整體平均電流約在10A上下，四支軸平均有3～5A的負載，故在不用到大電流的環境下，選用10A的電子變速器已綽綽有餘。

以往槳葉必須靠俗稱「子彈頭」的螺帽或是普通螺帽固定，但在高速旋轉的狀況下偶有槳飛掉的狀況發生，現在普遍看到的都是自鎖的設計，四軸飛行器兩兩成對的電機轉向相反，因此我們有兩種鎖向相反的螺紋設計，使槳葉在旋轉同時也會反方向的將螺帽鎖緊，降低意外發生的機率。

穿越機在高速飛行、閃躲時會使畫面持續晃動，有可能會讓畫面不清，甚至使飛手暈眩的狀況發生，但因空間配置較小，無法搭載如雲臺這樣的穩定裝置，所以一般在固定鏡頭時會儘可能的設計減震阻尼，如圖 C 的減震矽膠球。

微型飛行器

微型飛行器如掌上型的Arduino四軸飛行器因其優異的操控性和機動性也在障礙競賽中大放異彩，微型飛行器可以輕鬆地穿過如桌椅、書櫃等狹小的場域，也可以做出翻滾等特技（圖 D ）。

微型四旋翼完善的開發環境在改裝上能夠更靈活，比賽中也出現用PS2搖桿控制的隊伍。

影像傳輸
鏡頭

有別於專業攝影機，適用空拍的相機必須體積小且重量輕。一般的CCD鏡頭有三條分別為紅、黑、黃的接線。黃色為訊號

線，可透過無線的方式回傳地面或是於機上使用RECODER存在記憶卡中（圖 E ）。

知名的極限運動攝影機「GoPro」全機重僅74g，禎率可達60FPS，畫質更是不在話下，能支援4K的拍攝。這幾項特點使他被大量的使用在空拍攝影當中，甚至市面上大多數機架都是以GoPro的規格設計。

無線影像

一般圖傳的電波頻率主要有三種1.2G、2.4G、5.8G，通常頻率越低可以傳的距離越遠，所以1.2G常用在一般定翼機上，因為定翼機會飛比較遠，而且飛得較高，不易受到遮蔽；不過1.2G的頻率常常會跟2.4G以及GPS的1.5G互相干擾，所以在旋翼機上較少使用。因為旋翼機一般不會飛太遠，且只要任何東西受到干擾就會有墜機的危險，所以無線影像通常使用5.8G，遠離容易受干擾的頻段。而因為已經有太多產品使用2.4G了（Wi-Fi、遙控器、藍牙等），所以比較少人會在飛行器上使用2.4G圖傳。一般圖傳模組會有兩顆，一個是發射，一個是接收，發射模組會裝在飛行器上，接收機裝在地面端。

一般而言，飛行器上需要安裝一顆鏡頭，還有一個發射機，鏡頭會將拍到的畫面轉成AV影像訊號，然後將AV影像訊號接到發射機上。發射機會將AV訊號轉成電波發射出去，在地面端的接收機必須要對頻接收飛行器上發出的電波訊號，有點像收音機要轉旋鈕接收一樣，接收機收到訊號後會將電波訊號轉成AV影像訊號，再將影像訊號接到螢幕或者FPV眼鏡，便可以顯示飛行器上的畫面（圖 F ）。

出門飛行吧！

準備好來進行一場刺激的穿越賽了嗎？戴上前面章節介紹的設備（約在臺幣萬元以內），找到空曠的場地或是林地就可以開始一整天的冒險了，活動切記避開人潮眾多區域，才能兼顧安全的享受速度帶來的快感。◙

+ 更多資訊請見 Ark Lab 多旋翼工坊粉絲專頁
www.facebook.com/ArkLab.OpenSkyler/

有了這些實用守則，你也可以辦一場FPV大賽。

無人飛行載具競速大賽

DRONE DERBY

文：唐諾‧希爾斯　譯：曾吉弘

FPV競速是一項正在崛起的運動

它結合了多旋翼、即時影片和高速競賽。雖然現在還沒有所謂的官方版規則，但我們可以依據經驗提供一些基本守則。

分級

大部份的競速比賽都會依據參賽者的機種大小分為三種級別。比賽主辦人可以增列額外的標準，例如基於安全起見的重量限制。

微型／150
適合初學者或是室內競賽
- 至少150mm（以馬達與馬達之間對角線為準）
- 四個馬達
- 兩個鋰聚合物電池

迷你／250
目前FPV競速最受歡迎的級別
- 至少250mm
- 5" 螺旋槳
- 四個馬達；1806或2204無刷
- 三個或四個電池組成的鋰聚合物電池

無限制
限制更少、速度更快（當然墜機也更壯觀）。
- 至少300mm
- 6" 螺旋槳
- 四個馬達

級別

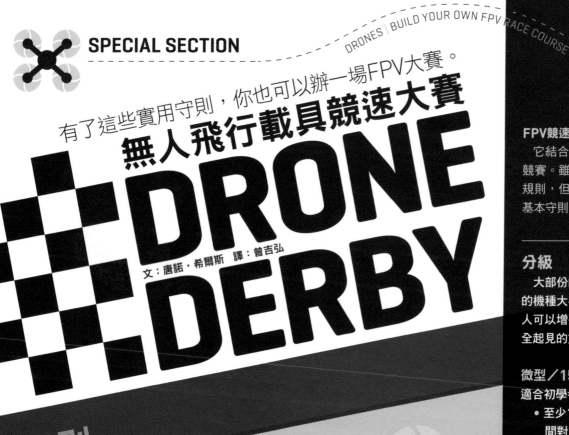

微型／150　　迷你／250　　無限制

頻道

在比賽開始之前，主辦人應該要提供參賽者一個可用的影像頻道清單。飛行員應依此選擇一個專屬的頻道，並且註記在清單上。比賽當天，飛行員都要啟動護目鏡，並在開啟各自的影片頻道之前確認沒有人使用重複的頻道。

唐諾‧希爾斯
Donald Hills
是國際商用無人飛行載具駕駛員目錄Drone Hire，以及終極FPV競速聯盟（fpvracing.tv.）的創辦人。他熱愛航空、機器人學和創造發想新的事物。

規則

多旋翼飛行器必須：

- 符合級別參賽條件
- 完全以FPV駕駛
- 能夠垂直起降

飛行員禁止：

- 干擾其他飛行員或他／她的設備
- 在比賽過程中進入賽道
- 將飛行器駛近其他飛行員或觀眾
- 神智不清

賽道

　　尋找一個大而空曠的地方來架設賽道。如果比賽舉辦在私人土地上，需要先取得地主同意。

　　對經驗老道的飛行員而言，森林和停車場會讓比賽更刺激且具挑戰性，但是請務必留意樹木或柱子等可能會阻擋影像訊號的物體。

　　可以將泳池浮條以竿子或PVC管固定在地面上來製作吊橋或拱門。為了讓比賽更加有趣，可以加入各種不同的彎曲道具，例如髮夾彎、滑雪迴轉道、掃街車彎和急彎，還有各種直線道及障礙物。如果參賽者必須跨越重重攔阻或從下方穿過多道障礙，比賽可看性也會相對提高。有些人也會在地面上設置瓦楞板做的箭頭以做為賽道記號。

　　一般來說，一場比賽至少會繞賽道三圈以上，但實際仍依主辦單位規定為主。大部份的比賽時間會在兩到四分鐘之間。

安全

- 請選擇不會有行人無意闖入的僻靜地點做為賽道。
- 請小心處理鋰聚合物電池，並丟棄故障電池。
- 儘量避免兒童出現在賽事中。

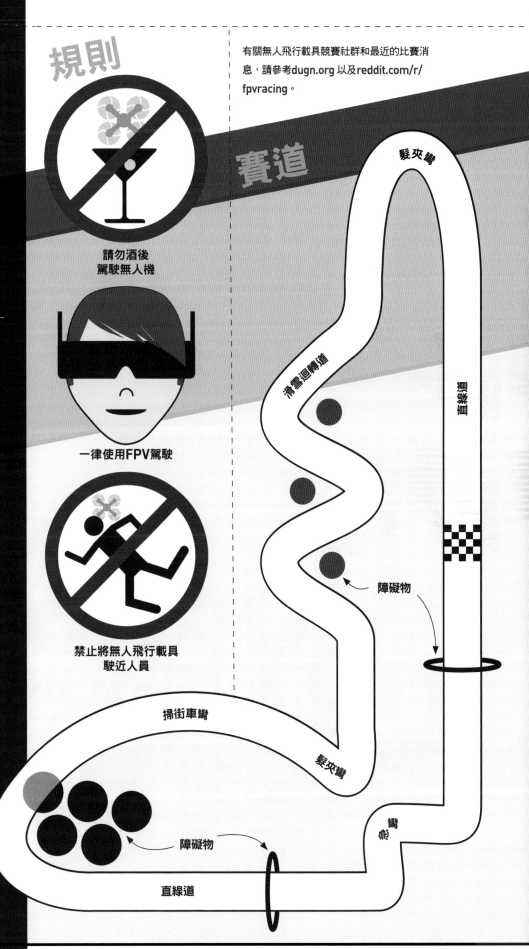

規則

有關無人飛行載具競賽社群和最近的比賽消息，請參考dugn.org 以及reddit.com/r/fpvracing。

賽道

請勿酒後
駕駛無人機

一律使用FPV駕駛

禁止將無人飛行載具
駛近人員

髮夾彎

滑雪迴轉道

直線道

障礙物

掃街車彎

髮夾彎

急彎

障礙物

直線道

Hovership競賽用四旋翼

HOVERSHIP
3D-PRINTED RACING DRONE

3D列印第一人視角四旋翼，參加第一場競賽。

文：史提夫・多爾　譯：MADISON

準備進入第一人視角（FIRST-PERSON-VIEW，FPV）無人飛行載具競賽的世界了嗎？自製迷你四旋翼是絕佳的入門方法，不但可以學習多旋翼飛行載具的原理、熟悉操控飛行載具的方法，也可以磨練電路與焊接的技巧。

四旋翼是一種最常見的無人飛行載具，有多種競賽機架可選用。競賽機架比一般機架更耐摔。這個專題以「Hovership」競賽用四旋翼為基礎（可以購買現成品或到hovership.com下載3D列印檔案），但也可套用在許多其他的FPV競賽無人飛行載具。

1.（部分）機架組裝

把橫桿（機臂）裝上中心底盤。用泡綿雙面膠或尼龍螺絲將配電板固定在底盤中間；將兩個速度控制器分別裝在配電板的兩面。每支手臂上各接上一個馬達（圖 A ）。

2. 供電系統

將紅色與黑色14AWG矽電線焊接到配電板的主要電力輸入墊片。將主要電源線修剪至130mm或以上（長度依電池的擺放位置而定）。切割兩只6mm熱縮套管，分別套上兩條電源線。將兩條電源線另一端焊接在電池連接器相對應處。將熱縮管往上滑至電池連接器處，使之熱縮好覆蓋外露的焊接處（圖 B ）。

將電子速度控制器（ESC）的紅線（正極）焊接至配電板上對應的墊片，黑線（負極）則焊接至另一對應的墊片（圖 c ）。

⚡ **警告** ⚡
如果你的機架是導電的碳纖維材質，任何外露的連接點碰到機架都會導致短路。

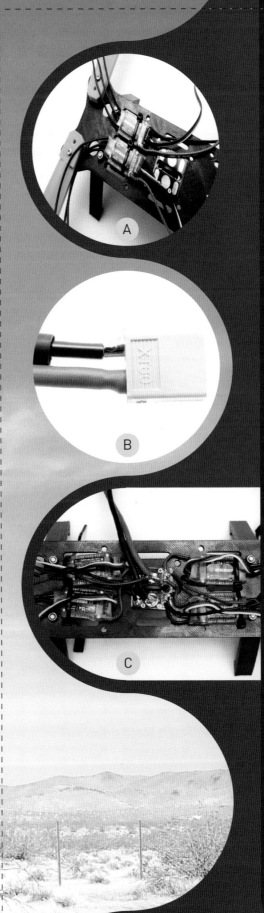

A

B

C

時間：
一個週末
成本：
200～400美元

史提夫・多爾 Steve Doll
是「盤旋機」（Hovership）的創辦人和首席設計師。他開發和遙控多旋翼飛行載具已有四年多的時間，喜歡拍空拍照片和影片。

材料

» 迷你四軸飛行載具外框，250 ～300mm 等級
» 無刷馬達，尺寸1806～2204，1900～2300kV（4）
» 電子速度控制器（ESC），12A（4）
» 配電板
» 矽電線，14AWG，紅色與黑色
» 公頭電池連接器
» 熱縮套管，6mm 和 4mm
» 子彈頭連接器，2mm：馬達和變速器不附連接器時才需要
» 螺旋槳，5×3 或 5×4：2個順時針，2個逆時針，建議零買。
» 四旋翼飛控板：如 Naze32、OpenPilot、Multiwii、Pixhawk 和 KK2.1
» 飛機無線電系統，4頻段以上：建議選用 2.4GHz
» 鋰聚合物單電池，建議準備1300～1800mAh，3個一組：建議購買一組以上
» 鋰聚合物單電池充電器
» 魔鬼氈，固定電池用
» 束線帶，小，長 4" ～ 6"
» 第一視角攝影組，5.8GHz（非必要）

工具

» 烙鐵
» 熱風槍或其他熱源：用來加熱熱縮套管。
» 公制六角扳手組
» 鉗子或可調式小扳手
» 剝線器
» 泡綿雙面膠或尼龍螺絲

SPECIAL SECTION

四旋翼結構圖

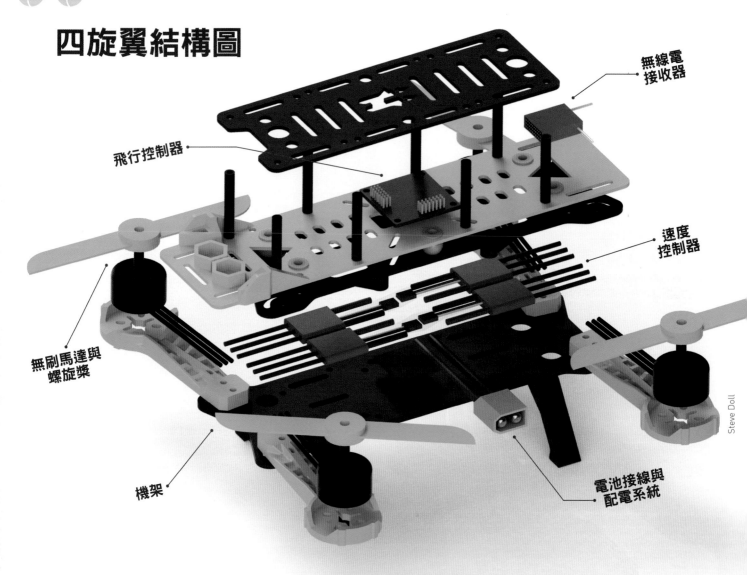

無線電
接收器

飛行控制器

速度
控制器

無刷馬達與
螺旋槳

機架

電池接線與
配電系統

Steve Doll

　　如果你的馬達和速度控制器沒有預先焊好的連接器，建議先焊接好連接器，未來更換零件時會比較方便。修剪馬達和速度控制器線至適當長度，留下一小段用剝線器剝開絕緣皮，露出內部電線，焊接至子彈頭連接器。公頭接馬達，母頭接速度控制器。用4mm熱縮管覆蓋各連接器（圖 **D** ）。

3. 飛控板和無線電接收器

　　如果你的機架在速度控制器和飛控板之間有額外的隔板，現在就可以把它組裝起來。將伺服機的電線穿過機架中心，也就是固定飛控板的地方。在固定飛控板之

前，你必須規劃好速度控制器如何正確接到飛控板的馬達輸出。查閱飛控板的說明書，了解四旋翼機架的走線。

　　接好速度控制器後，將飛控板固定至機架（圖 **E** ）。如果你的機架設計有前後方向性（找看看是否有指標），飛控板應與機架同方向。

　　再檢查飛控板說明書關於無線接收器和飛控板之間的走線說明。

4. 完成機架組裝

　　用束線帶將所有鬆散的電線和元件整理好。組裝所有剩下的機架組件，如頂盤或相機固定架（圖 **F** ）。

5. 調校馬達

　　查閱無線電說明書中連接發射器和接收器的步驟。無線電連接起來後，將一個速度控制器伺服機插入接收器的節流通道。於推進器關閉時做以下動作：

A. 開啟傳送器，將油門推到底。

B. 連接電池和四旋翼。啟動時，速度控制器將發出一連串的嗶嗶聲。

C. 嗶嗶聲響完後，將油門鬆開一些。速度控制器會發出另一串不同的嗶嗶聲確認調校。

D. 在你調校過的馬達上放上一螺旋槳，但先不要固定。緩緩拉起油門直到馬

達開始旋轉。可以看到馬達旋轉的方向後放開油門。看看這個方向是否與飛控板說明書中所寫的方向一致。如果不一致，拔掉電池，將馬達與速度控制器之間的兩條連線交換，以讓馬達旋轉方向相反。

E. 依照相同步驟組裝剩下的三個馬達。

6. 設定飛控板和無線電

大部分的飛控板已預先寫入四旋翼的設定。如果你的飛控板沒有，則必須依照飛控板的規格透過USB或板端控制設置。新手飛行員建議將預設飛行模式設為姿態／穩定／自動水平。可用飛控板設定軟體確認所有無線電頻道輸入順序皆正確，或是否有任何需要對調的地方。

7. 測試飛行和除錯

充好電池，將螺旋槳裝上對應的馬達。第一次飛行的目的主要應該是確認所有元件的設置是否正確。緩慢拉起油門，直到載具恰好離開地面。如果盤旋時載具會顫抖，表示你需要減少PID的增益。

若飛行器成功升空，確認無線電頻道皆正確。這也可以趁飛行器在地面、馬達旋轉時測試。以模式2無線電為例：

A. 上移右桿（升降舵），四旋翼應往前傾。

B. 左移右桿（副翼），四旋翼應往左傾。

C. 左移左桿（方向舵），四旋翼應逆時針旋轉。

開始飛行

你的四旋翼現在已經可以隨時起飛，建議參考第29頁的〈多旋翼飛行前檢查表〉注意小細節，航行才有保障。挑選可以安全控制飛行器、不會傷到他人的地方，開始飛行。●

+ hovership.com/guides 有詳細的說明。

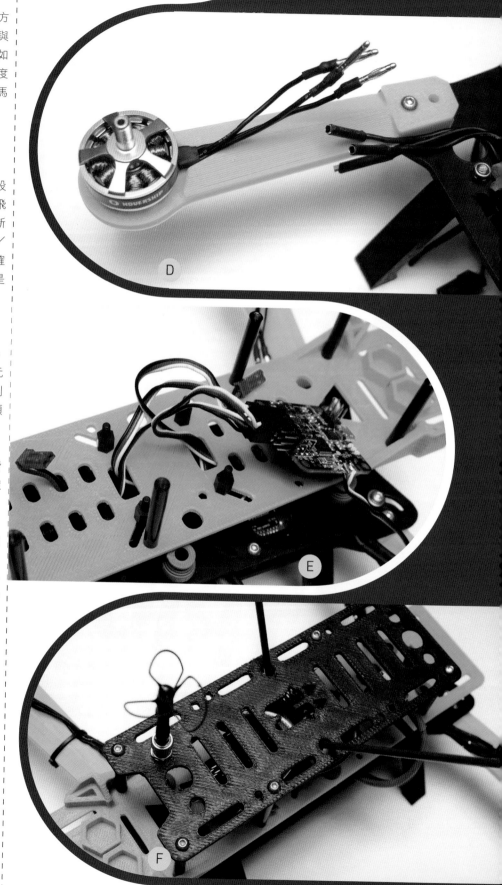

SPECIAL SECTION

文：盧卡斯·威克利　譯：MADISON、謝明珊

盧卡斯·威克利
Lucas Weakley
安柏瑞德航太大學航太工程系學生，平時會在 lucasweakley. com 自製和銷售飛行器套件。他是經過認證的 AutoCAD 製圖師、鷹級童軍，同時也是 Make: Maker Hangar 系列影片的主持人（ makezine.com/go/ makerhangar ）。

BUILD YOUR FIRST TRICOPTER

Maker Hangar 三旋翼

親手打造一臺屬於自己的三旋翼，飛行更順，拍攝品質更勝四旋翼。

規格
- 飛行時間：12分鐘
- 機架重量：325g
- 飛行總重：1kg
- 與8"～10" 螺旋槳相容
- 鋼索避震
- 22mm馬達架

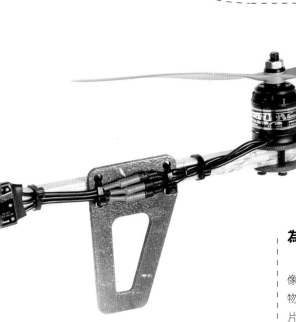

時間：
一個週末
成本：
300〜400美元

材料

Maker Hangar 三 旋 翼
直升機套組，85 美元，可在
lucasweakley.com/product/
maker-hangar-tricopter-kit
購得。內含以下組件：

» 雷射切割膠合板機架零件
» 3D 列印尾槳組
» 碳纖維鉸鍊
» 方木條，橡木，⁷/₁₆"×⁷/₁₆"×
  12"（3）：用於機臂
» 螺栓，不鏽鋼，M3：25mm
  （8）、6mm（4）、10mm（16）
  和 22mm（8）
» 螺帽，M3（25）
» 墊片：M3（16）和 M4（2）
» 螺栓，尼龍，6-32×³/₈"（4）
» 螺帽，尼龍，6-32（4）
» 螺柱，6-32×1½"（4）
» 束線帶（20）
» 推桿，2½"×0.047"（2）
» 推桿連接器（2）
» 魔鬼氈（2）
» 鋼索，長度 3"（4）

電子件（不包含於套組）——詳
細的推薦廠牌請見套組網頁：
» 飛行控制板：見第 43 頁
» 遙控接收器：搭配遙控發射器
» 外轉子無刷馬達，900kV（3）：
  Emax GT2215/12
» 電子變速器，20A（3）：Emax
  Simon
» 螺旋槳，10×4.7（3）
» 鋰聚合物電池，3,300mAh（2）
» 小型伺服機
» 伺服機延長線，6"
» AWG 16 絞線
» 熱縮套管
» 伺服機接線，公頭對公頭
» JST 連接器（非必要）

工具

» 電鑽與鑽頭
» 尖嘴鉗
» 斜口鉗
» 剪線／剝線鉗
» 熱融槍
» 氰基丙烯酸酯（三秒膠）
» 螺絲起子
» 六角螺絲起子組
» 活動扳手
» 砂紙
» 銼刀
» 美工刀
» 烙鐵和焊錫
» 熱風槍或吹風機
» 輔助夾座（非必要）

四旋翼在製作上簡單不少，但三旋翼優點更多，尤以空拍效果著稱，所以仍然吸引許多自造者躍躍欲試。2010年我首度打造三軸飛行器，靈感來自David Windestal利用GOPRO相機空拍的美麗影片（rcexplorer.se/fpv-videos-setups）。我的第一架三旋翼並沒有非常成功，不過我從中學習不少，後來我又製作幾架飛行器，終於設計出大家都負擔得起的作法，我取名為「自造者機棚三旋翼」（Maker Hangar Tricopter）。

為什麼要選擇三旋翼？

三旋翼有三個引擎，通常以120度角分隔，不像四旋翼以90度角分隔，讓攝影機近距離拍攝物體，卻沒有螺旋槳擋住視線，更適合拍攝影片。四旋翼仰賴反向旋轉螺旋槳，來控制扭矩並平衡機體，三旋翼沒有這個需求，後有偏轉伺服機，專門扭轉尾引擎來抗衡扭矩（圖 A ）。

三旋翼的飛行方式也不同，配備偏轉專用引擎，飛行更加流暢自然，一般飛機做得到的轉彎、俯仰和偏轉，三旋翼也沒有問題，還會像直升機一樣盤旋。四旋翼的動作比較像機器人，控制板計算好四個引擎確切的旋轉，創造出合適的扭矩和平衡，讓整架飛行器完成偏轉。如果放掉操縱桿，四旋翼會馬上停止轉動，可能會影響、干擾攝影工作；但換成三旋翼，放掉控制桿的

偏轉伺服機

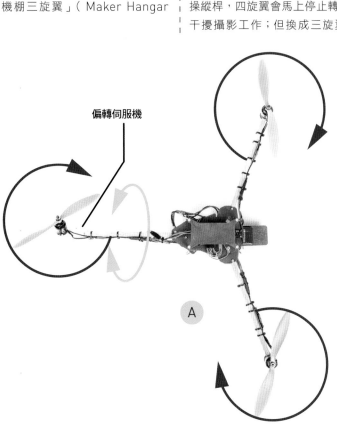

A

Hep Svadja

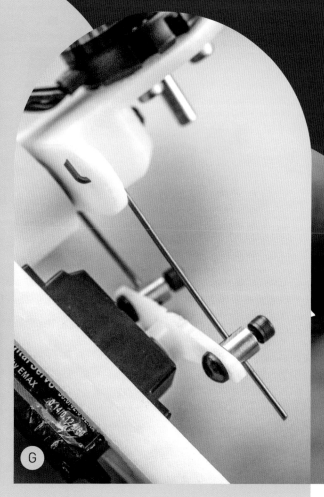

話，傾斜的尾引擎隨即回復盤旋狀態，而非嘎然而止，甚至有點補攝，彷彿有人在移動攝影機。

最後，三旋翼本身就超好玩，適合拿來特技飛行。也因為傾斜引擎可以產生更高的偏轉速，它的轉彎速度更快。

專為自造者設計的三旋翼

「自造者機棚三旋翼」以木頭為材料，容易砍切、鑽孔和裁割，也是絕佳的吸震材料，畢竟空拍最怕震動了。機身很大，有多餘空間放置大型控制板、影像傳輸器、降落裝置或任何你想像得到的東西。我們也把前臂間距加寬到150度左右，行動更加敏捷。

這架飛行器包含3D列印尾翼組、所有需要的硬體，以及鋼絲索減震器，就算螺旋槳失衡也可以大幅吸震。此外，我採用碳纖維鉸鏈，讓尾馬達和機身無縫接軌。

最後，三旋翼的前臂在飛行時會固定住，但運送途中或平時收藏時，則會往後摺疊，這架飛行器也不例外。

對多旋翼和空拍有興趣的人，都會喜歡這個裝置。你也可以從無到有完全自造：下載PDF檔設計圖、雷射切割設計圖、3D列印檔、飛行控制設定，還有在 makezine.com/go/makerhangar 觀賞系列指導影片。

1. 磨光、上漆

磨掉木頭上的附著物或裂片，還可以漆上顏色（圖 B ）。

2. 組合鉸鏈機尾鉸鏈的製作：

以快乾膠黏合 2½" 碳棒和 ¾" 碳管（圖 C ）。以熱熔膠黏接這一端和3D列印引擎接腳，再黏接 1" 碳管和3D列印機尾。

組合：鉸鏈桿套上M4墊片，再來是機尾，接著又是墊片，最後黏接這一端和 ½" 碳管，機尾組總算大功告成。

以熱熔膠黏接伺服機和機尾（圖 D ），並在伺服機臂 ¹/₁₆" 大小的洞口，安裝兩個「快速接頭」（圖 E ），硬木接臂也順便一起黏上去。

以M3墊圈拴住馬達尾端和接腳（圖 F ）。

最後，完成伺服機組裝。用鉗子在每個推桿尾端折出「小Z」，「小Z」的那一端鉤住馬達接腳，另一端則滑入快速接頭。

3. 組裝前臂

依照套件中的模板，為前臂鑽孔：一端是連接馬達接腳，另一端是連接轉栓以摺疊前臂（圖 H ）。注意模板有兩種行距（圖 I ），同一支前臂，採用相同的行距，馬

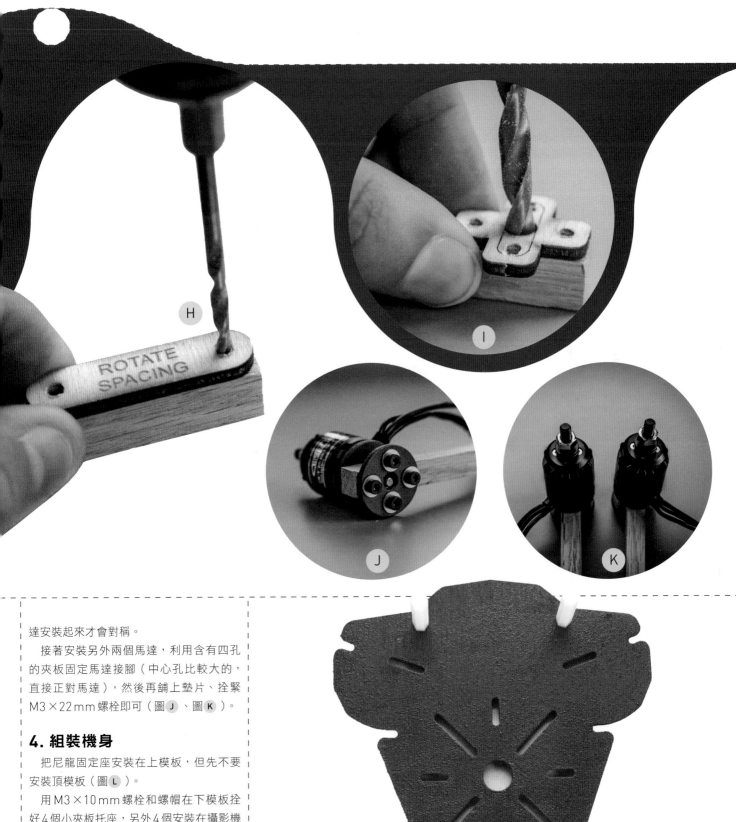

達安裝起來才會對稱。

接著安裝另外兩個馬達,利用含有四孔的夾板固定馬達接腳(中心孔比較大的,直接正對馬達),然後再鋪上墊片、拴緊M3×22mm螺栓即可(圖 J 、圖 K)。

4. 組裝機身

把尼龍固定座安裝在上模板,但先不要安裝頂模板(圖 L)。

用M3×10mm螺栓和螺帽在下模板拴好4個小夾板托座,另外4個安裝在攝影機／電池托盤(下頁圖 M)。這托盤可有可無(電池可以只用魔鬼氈固定),但若有攝影需要,強烈建議使用托盤再穿入鋼絲索,藉此減震。把四條鋼絲索夾在底板托座之間,但暫且不要連接攝影機托盤(圖 N)。

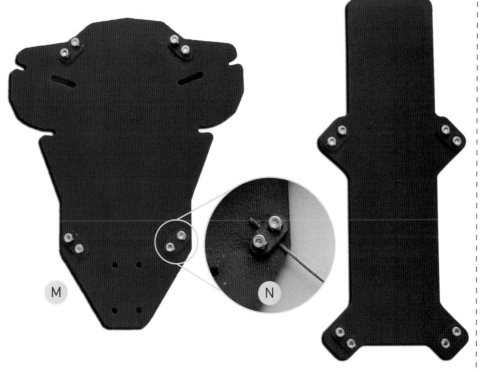

M

N

5. 安裝電子速度控制器

連接三個電子速度控制器和馬達，以束帶固定在前臂上。

前臂先摺疊起來，裁量適當長度的鋼絲索，方便前臂延展，再把鋼絲索一起固定在機背上（圖 **P**）。焊接鋼絲索的延長部分，並以熱縮管讓快速接頭絕緣。多餘的尾端剝線後，焊接到電池接頭（圖 **Q**）。

利用 M3×25mm 螺栓和防鬆螺帽，穿過表面安裝孔，把兩支前臂拴在下模板。上模板疊在上面，2個以上螺栓接連穿過鎖孔和內臂鑽孔，以墊圈和防鬆螺帽固定好。最後，以四個螺栓把機尾夾在兩片模板之間（圖 **R**）。

試試看前臂可不可以順利摺疊、展開，如果不行就調整螺栓鬆緊。

> **注意：** 如果你想驅動機上視訊遙控（FPV），即時收看攝影畫面，可以順便安裝 JST 連接器（非必要）。自造者機棚三旋翼系列影片第一季，就有介紹電池、視訊遙控等飛行零件。

O

6. 安裝降落裝置

以束帶捆住前臂和兩個降落桿夾片（圖 **S**）

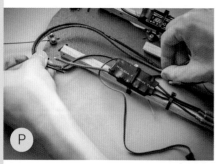

P

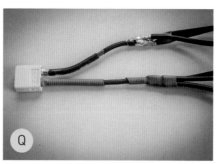

Q

7. 安裝攝影機

把多餘的鋼絲索夾到攝影機托盤的托座之間。攝影機平臺絕對要朝前（圖 **T**），螺栓頭朝外，之後會靠螺栓頭調整托盤。用魔鬼氈固定電池和托盤。

8. 安裝接收器和飛控板

在上模板安裝飛控板，可以使用熱熔膠、雙面膠或螺栓（我們採用 Flip 1.5 MWC 控制器，可以從自造者機棚專題網頁下載設定）。

連接 R/C 接收器和傳輸器（參考自造者機棚影片第 1 季第 12 集），依序插入三個電子速度控制器，以設定油門範圍，接著是接收器的油門（第 2 季第 4 集）。安裝接收器並插入飛行控制器（圖 **U**），偏轉伺服機置中，元件全部拴緊。

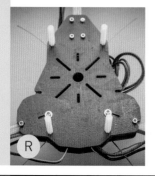

R

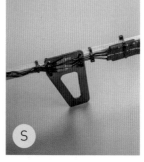

S

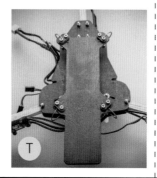

T

最後，把頂模板鎖在固定座上，以保護你的電子裝置（圖 V 、圖 W ），整個專題就完成了！ ✪

U

關於飛控板

飛控板將傳輸器的訊號轉譯成馬達速度，進而驅動三旋翼。控制板透過機上的迴轉儀和加速度計，解讀飛行器的位置和動向，小幅調整引擎速度來抗衡風速、扭矩等因素。

以下是我建議的控制板：

- **OPENPILOT CC3D**：最佳飛行體驗，設定容易，但更改設定耗時。

- **HOBBYKING KK2**：飛行體驗尚可，更改設定容易，有顯示器，最適合初學者。

- **ARDUPILOT APM2.6**：功能最強大，價格也最高。可自行編寫航點，備有GPS、羅盤和氣壓計。

- **FLIP1.5 MULTI WII CONTROLLER（MWC）**：小型、簡易、價錢公道，但也很強大，飛行狀況不錯，可選配氣壓計和羅盤。

若想要更瞭解飛行控制器，以及操控三旋翼的方法，可以到https://www.youtube.com/playlist?list=PLwhkA66li5vCTL5lUm0zoCBBY4LNPTGeO觀賞解說影片！

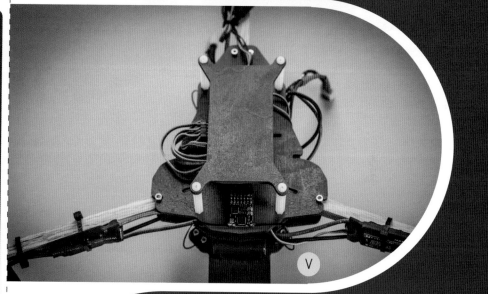

V

W

時間：
2小時
成本：
8美元

馬克·哈里森
Mark Harrison
是皮克斯的技術領導，也是膽
大無畏的無人飛行載具狂熱
者，相關部落格為eastbay-rc.
blogspot.com。

NOODLING AROUND

簡單實用的泡棉四旋翼

堅固、平價，最佳練習用載具，而且還可以浮在水面上！

文：馬克·哈里森　圖：赫普·斯瓦迪雅　譯：KARINE

Hep Svadja

材料

» **泳池用泡棉棒**，我用了三種顏色的泡棉棒，方便分辨四旋翼的飛行方向。
» **馬達**，外轉無刷馬達，Prop Drive 28-30 900KV（4）
» **正轉慢速螺旋槳**，APC 10×4.7（2）
» **慢速螺旋槳**，APC 10×4.7（2）
» **電子速度控制器（ESC）**，30A（4）
» **飛行控制板**
» **電池**，3S 2,200mAh
» **碳纖維棒**，3mm：12"長（2）和15"長（2）
» **泡棉塑料專用膠水**
» **強力彈性繃帶**
» **魔鬼氈束線帶**
» **廢棄膠合板**

工具

» **泡棉塑料電熱切割器**
» **弓鋸**
» **剪刀**
» **電鑽和鑽頭**
» **螺絲起子**

　　說真的，用泡棉棒做成飛行器本身就趣味十足了。「一飛沖天」（CrashCast）舉辦一項挑戰計劃，參與者都要製作堅固平價且可飛行的四旋翼，所以這個專題因運而生。雖然只是我在某個晚上利用手邊現有的材料胡亂拼湊，但是我對成品還算滿意，它非常適合做為練習用的模型（很難想像泡棉會被摔壞吧）。

1. 裁切機臂

　　裁切4段15½"浮條做為前後左右的機臂，並裁一段5½"做為電池座。用黏膠將電池座固定在兩側機臂，再將兩側機臂固定在前後機臂上。因此臂端需要切割、製造彎度。組裝後，照理說不會出現太大的縫隙。

2. 加強機臂強度

　　在4支機臂上端各割出¼"深的裂縫。自左右機臂上的裂縫塞入12"的碳纖維棒，在前後機臂則塞入15"的碳纖維棒。自裂縫擠入膠水並將之填滿。這個步驟很重要，如果有縫隙，會造成機臂彎曲移位。

3. 接上機臂

　　在前後機臂兩端5"處做記號。將左右機臂兩端曲面處沾滿膠水，對準標記處黏上。電池座亦如法炮製，並接合於左右機臂中點。沿著4支機臂底部貼上彈性繃帶。

4. 安裝馬達

　　在馬達底部黏上小塊膠合板做為底座，並使用彈性繃帶固定於機臂端（束線帶不太適用於此）。

5. 安裝電池和電路裝置

　　適當裁減裝電池座底部的泡棉底部，以裝入一顆3S 2,200mAh的鋰聚電池。用魔鬼氈束線帶固定電池。將電路裝置黏上一片膠合板或塑膠板，並再度使用魔鬼氈束線帶將其固定於電池座上方。

　　飛行系統電路裝置的設定方式跟其他四旋翼一樣（教學請見www.makezine.com.tw/make2599131456/174）。設定完成後就可以帶出去試飛了。若你喜歡夜飛的話，可以加裝燈組，LED燈條很適合拿來安裝在中空的泡棉棒裡。多方嘗試，動手玩玩看，大膽嘗試新點子！◉

欲見完整教學步驟並分享你自製的泡棉無人飛行載具，請至
www.makezine.com.tw/make2599131456/210

Courtesy QuadH2o

水溫正好,下水吧!
防水多軸飛行載具QuadH2o
文:葛蕾塔·洛吉 譯:KARINE

若你的飛行計劃不止於蜻蜓點水,可以考慮 **QuadH2o** 水上四旋翼,目前有DIY套件和現成機型可供選擇。其設計能使之平安降落於水面上,或是在雨中飛行。該公司創於2012年,設計兼製作者尼克·瓦曼(Nick Wadman)當時受託使用無人飛行載具拍攝房產照片,過程剛好需要在水面航行。具R/C背景的他,也是自造狂人,開發了QuadH2o(套件849美元;現成機3,499美元),其設計可裝設DJI Naza GPS導航和GoPro攝影機。機隊第二個成員HexH2o在2014年末發表(套件895美元;現成機3,659美元),加裝了陀螺儀防水外殼設計,可容納DJI Zenmuse和GoPro,因此在水下補捉的照片或影片畫面穩定。由HexH2o水上六旋翼的實測影片可見,無人飛行載具降落在靜水上,緩慢移動並拍攝水下畫面,接著又起飛空拍,功能強大。●

Courtesy Alec Short

防水四旋翼乘風而起
同Wavecopter乘風破浪運用
電子零件製作防水四軸機架
文:艾力克·薛特 譯:KARINE

為了探索新的衝浪攝影方式、空中場勘衝浪地點,我製作了防水四旋翼Wavecopter。在戶外防水電源插座保護盒內放入四路PVC接線盒,做為旋翼葉轂。碳纖維轉子支架則以PVC浪管接頭鎖上固定。馬達座是利用PVC三通接頭製成,其兩端用橡膠絕緣環封住(接頭蓋所附的螺絲釘必須用小螺栓代替,否則會因馬達啟動而脫落)。

電源及飛行控制板的電路設定方式將因個人特定需求而有所異,不過此項專題的要點在於如何在防水機架的載荷限制內,選用最高續航力的電池做為電源供應。我使用Diall的WP23L型電源插座保護盒蓋,裡面恰好可裝入兩顆Zippy的高速飛行(Flightmax)2,200mAh鋰聚電池,不過你也可以挑方便取得的替代品來稍作搭配測試。

製作無人飛行器的最後步驟,是在底盤裝上起落架及浮筏。依原廠說明書來校正飛行控制板的參數。接著安裝馬達;只要是無刷馬達(多數都是),就不需要再做防水處理,不過你可以進一步按照下一篇文章的教學,替電子裝置做防潮處理。將馬達裝上螺旋槳之前,先接上電池並全面測試飛行控制系統。飛行愉快!●

完整教學請上www.makezine.com.tw/make2599131456/211

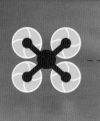

DON'T BE DEAD IN THE WATER

別在水中遭殃了 無人飛行載具的防水處理。

文：奧斯汀・富瑞、FliteTest.com社群
圖：FliteTest.com社群
譯：Karine

在開放水域上空航行好玩極了，但美好的飛行日也可能因為一個小水窪而毀於一旦。所幸你可以利用現成的產品來保護你的電子資產。

依需求調整防潮作業

Flite Test社群主打的是遙控飛機或多軸飛行器，因此我們需要處理的零件有發射器、接收器、電子速度控制器（ESC）、伺服機和飛行控制板。多半來說，大量使用CorrosionX防鏽油這類的油性潑水劑，便足以防止飄雨或飄雪時的突發性受潮（保角塗層其實就是琺瑯漆，它亦適用於接收器上，但不建議噴塗於電子速度控制器或馬達，否則可能會造成軸承堵塞）。

事實上，我們將小型遙控直升機用防鏽油塗裝後，浸入清水與鹽水，結果都成功飛出水面（圖 A ）！當然這是比較極端的測試方式，畢竟一般人不會刻意將電子裝置泡進一缸水裡。不過如果你會經過大片水域，或者可能長時間浸泡在水中，勢必得花更多心力在防水處理上。

保護重要零件

用於伺服機的話，我們建議使用CorrosionX HD高效產品。打開機體外殼，朝內均勻噴灑（圖 B ）。電位計（一種可變電阻）的防水性最為重要，因為它只要一進水，讀數就會有誤。噴塗完成後，記得使用異丙醇擦拭外部，不然膠水會黏不牢。

若以電子速度控制器這種較精細的電子零件來說，我們建議使用熱縮管和環氧樹脂來製作保護屏障。注意：這裡不適用熱熔膠，因為它無法黏著在矽氧樹脂上。首先，取出原廠熱縮管，換上更大的熱縮管。用一般方式加熱，接著用5分鐘固化環氧樹脂將兩端密封起來，注意別留下任何縫隙（圖 C ）。若你想達到防水而不只是抗水的效果，則可以使用24小時固化環氧樹脂。

關於馬達

若你使用的是無刷馬達，其本身即具備防水功能，只要確認線路絕緣正常，即使在水下也能運作。不過下水後記得將軸承上油。

採取一些預防措施後，你可以更大膽地飛行在湖上、惡劣天氣中或是任何有水的環境！記得先練好游泳和潛水。 ✏

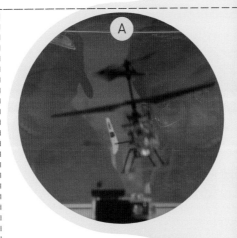

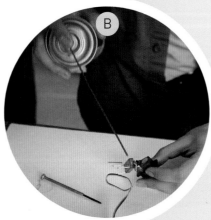

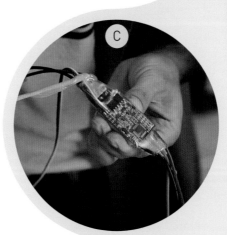

奧斯汀·富瑞
Austin Furey

FliteTest.com 的行銷經理，該社群致力推廣航模的教育及娛樂層面。

時間：
10～15分鐘
成本：
50～60美元

材料
- » 油性潑水劑，CorrosionX：或 Turbo-Coat 等強力保角塗層。
- » 強效油性潑水劑，CorrosionX HD
- » 透明熱縮管
- » 5 分鐘固化環氧樹脂
- » 異丙醇

工具
- » 用以打開伺服機外殼的螺絲起子
- » 用於熱縮管的熱烘槍

Smartphone Microscope
智慧型手機顯微鏡

文：Kenji Yoshino　譯：劉允中

只要加上紅外線筆的玻璃鏡頭，就可以用智慧型手機拍攝超高倍率的放大照片！

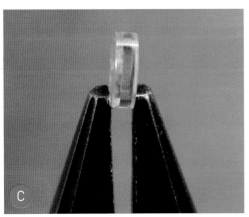

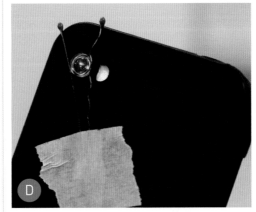

Kenji Yoshino

在美國愛荷華州的格林內爾學院主修化學，現在愛荷華州中部的格林城市藝術社群（Grin City Collective）工作。

時間：
20～30分鐘
成本：
10～15美元

材料

» **你的智慧型手機**
» **雷射筆的聚焦鏡片（1到2片），**
可以從便宜的雷射筆上面拆下來用，也可以上網購買（store.laserclassroom.com/laser-pointer-lens）。
» **合板，¾"×7"×7"。**
» **壓克力板，⅛" 7"×7"（1）、3"×7"（1）以及2"×4"（至少一片）。**買的時候可以請五金行幫忙裁切，如果要自己切的話，可以問他們有沒有零碎尺寸的壓克力板，這樣可能會比較便宜。
» **馬車螺絲，⁵⁄₁₆"×4½"（3）。**
» **螺帽，⁵⁄₁₆"（9）。**
» **翼型螺帽，⁵⁄₁₆"（2）。**
» **墊圈，⁵⁄₁₆"（5）。**
» **彈簧，~20 號，內直徑為 ¾"，**長度為 ½"（2），這裡用的彈簧要可以用手指輕易地壓縮才行。可以購買較長的彈簧再做裁切。
» **光源（非必要），**如果要看背光的樣本就會用到。我個人偏好便宜的 LED 小手電筒，像是 Diamond Visions 商品編號 08-0775。

工具

» **電鑽與鑽頭**
» **夾鉗**
» **裁切合板與壓克力板的鋸子**（如果五金行不願意幫忙的話才會用到）。
» **尺**
» **銼刀**
» **砂紙**
» **斜口鉗**
» **尖嘴鉗**
» **水平儀**

智慧型手機變身成電子顯微鏡的方法其實非常簡單。只需要一些工具、一兩片雷射筆上面拆下來的聚焦鏡片，以及大約10美元的五金行材料就行了。

這一款自製顯微鏡不但可以拍出高品質的微距照片，也可以將物品放大175倍（如果用兩片鏡片的話，就是325倍）。在這個倍率之下，很容易就可以觀察細胞構造了，拍攝細胞圖片也沒有問題，甚至還可以拿來做實驗！我們就成功觀察到了紅洋蔥表皮細胞的原生質分離現象。

當然，這款顯微鏡不一定要拿來做實驗。它容易操作、體積輕巧、攜帶方便，只要在智慧型手機的相機鏡頭前面加上聚焦鏡片，然後把要看的東西放在觀測平臺上就行了！

我第一次在Instructables網站上分享這個專題之後，又做了一些改良，像是加上第二片鏡片提高放大倍率、裝入彈簧讓樣本平臺更穩固等等。另外，我也加入壓克力載物臺，換取樣本更加容易。

因為平臺本身也是壓克力材質，所以不管有沒有外部光源，樣本都可以看得清楚。使用者可以在各種不同的環境觀察樣本，在教室、戶外、家裡等任何地方，深入欣賞我們身處的世界！

現在，讓我來介紹製作的方式：

1. 取出雷射筆聚焦鏡片（非必要）

幾乎所有雷射筆的聚焦鏡片都可以做為顯微鏡的物鏡使用，所以，請不要花大錢在買鏡片上，買個2美元的雷射筆就行了。如果想要製作高倍率的顯微鏡（可以到325×），很簡單，就把兩個鏡片疊在一起。如果直接上網買鏡片的部分，就可以省略這個拆卸鏡片的步驟。

要從雷射筆上取出鏡片，首先，請用螺絲起子把前頭的弧形燈頭拆下來，後面的蓋子也可以拿下來。卸下電池之後，用鉛筆後端的橡皮擦從後面把雷射筆的零件推出來。（圖Ⓐ）

聚焦鏡片就在這些零件當中。現在，請將鏡片前面的黑塑膠盒用螺絲起子打開，這樣鏡片就可以自由移動了（圖Ⓑ）。

如果從邊緣看過去，會發現鏡片並不是對稱的，在某一側可以看到一個半透明的溝（大約1mm），另一側則完全透明（圖Ⓒ左側），請注意，透明的這一側要背對攝影鏡頭。如果不確定方向，可以利用髮夾把鏡片固定在智慧型手機背面（圖Ⓓ），正確的那一個方向會讓視野更大。

其實，光是智慧型手機加上鏡片可以拍出很棒的微距相片了，不過，焦距拉近的時候，手機很難保持穩定不晃，所以，我們還需要一個攝影架。

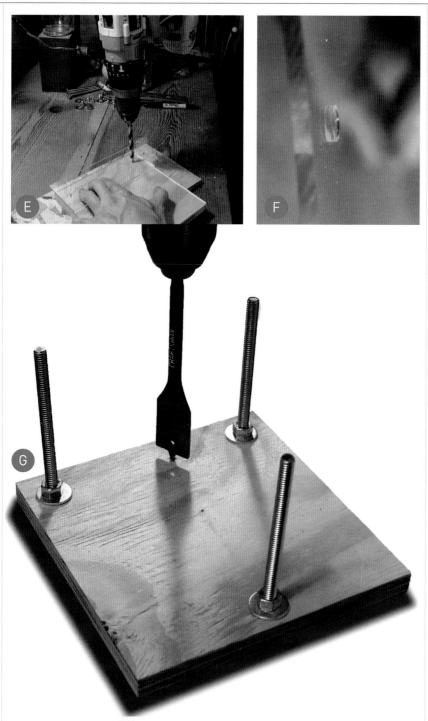

2. 裁切攝影架並鑽孔

請在合板底座前端兩個角落、距離前端與兩側往內¾"的位置做上記號；然後，後側中心點往內¾"做第三個記號。

接著，將壓克力攝影鏡臺（7"×7"）放在底座上，再把載物臺（3"×7"）放到攝影鏡臺上。注意，載物臺要超出底座前端約¾"。好了之後，把它們夾在一起並鑽洞（圖E）。

為了讓底座保持平坦穩定，鎖進底座的螺絲必須用埋頭孔的方式處理，你可以把底座翻過來，用一字的鑽頭來製作埋頭孔。

> **提示：** 在鑽孔之前，可以在合板下面放一塊廢木料做緩衝，這樣就不會傷到工作臺了。
> 另外，避免壓克力板在鑽孔時碎裂，請參考下一頁的 SKILL BUILDER 邊欄。

3. 裝上鏡片

找一個比鏡片直徑稍小的鑽頭，在相機臺前側往內量 ¾" 的地方做記號並鑽孔，和其他螺絲孔在同一直線上。

好了之後，試著將鏡片裝在孔洞中（圖F），如果大小不適合的話，就用銼刀或砂紙將孔洞加大。過程中不要急，隨時拿鏡片測試孔洞的大小，否則孔洞很容易就不小心過大了！如果真的發生這個情形，可以在孔洞中上一點膠來解決，不過要小心，千萬不要讓膠滴到鏡片上！

在使用這個顯微鏡架的時候，很重要的是要讓聚焦鏡片儘量靠近相機。因此，如果你有用手機外殼的話，試著讓鏡頭露出來，儘量與鏡片靠近，或者讓鏡片與相機臺齊平。

4. 裝上第二片鏡片（非必要）

如果你打算加裝第二片鏡片，就直接在相機臺加裝到另一鏡片之上。一片在上一片在下，這樣放大倍率可以達到大約 325× 左右。

還有，注意鏡片不要彼此接觸。安裝鏡片時鏡片儘量保持水平，這個部分沒有處理好的話，對影像品質會有不良的影響。

5. 放置光源

好了之後，請在底座上鑽一個淺淺的孔來放置光源（圖 ）。小的LED手電筒效果就很棒了。注意，光源要在聚焦鏡片之下。找到適當的位置，可以將底座、螺栓、相機層疊合在一起，讓相機層往下滑，並在底座上用鉛筆畫上記號，註明鏡片的位置。

6. 組裝顯微鏡

首先，用墊圈和螺帽將3個螺栓牢牢固定在底座上。在前端的那兩個螺栓上倒放翼型螺帽、擺上墊片，再蓋上載物臺（圖 H ）。

在每個螺栓上都加上螺帽，然後往下栓大約½"左右，接著，在前端兩個螺栓與螺帽上裝上一個彈簧，好了之後，就可以把相機臺放上去了（圖 I ）。

我們必須確定每一層都是水平的，這個時候，水平儀就可以派上用場了。如果沒有水平儀，現在手機上有許多的免費APP都有這種功能。如果有需要的話，可以用鉗子調整一下彈簧，確認臺子前後左右都是水平了之後，就可以把剩下的螺栓栓穩了。

彈簧的功用在於保持載物臺穩固，我們可以透過彈簧進行比螺帽更精細的微調。如果沒有裝彈簧，載物臺可能會因為重量不均或者某個螺栓孔太大而朝某一側傾斜。

7. 製作載玻片

這些鏡片的焦距很短，而因為支撐相機臺的螺栓限制，載物臺沒有辦法抬升太多。要解決這個問題，可以製作透明的樣品載玻片，這樣觀察起來比較方便。其實載玻片一點都不難做，只要裁切 2"×4" 左右大小的壓克力就行了。

如果你用的兩個鏡片，那焦距會更小，可能會用到2個載玻片。

8. 開始拍照！

攝影也可以！有了智慧型手機之後，只要加上10美元的成本，就可以做出自製數位顯微鏡了！

將智慧型手機的鏡片對準顯微鏡片，微調兩邊的翼型螺帽來移動載物臺，藉此對焦觀察的物品。就位之後，就可以用手機來拍照或攝影了，也可以拉近焦距、觀察更細部的組織。

我一直致力於推廣家庭科學活動。拿這個專

蟋蟀翅膀
Rebecca Garner

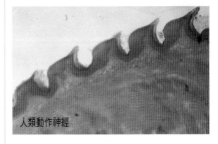
人類動作神經

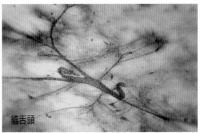
貓舌頭
Kenji Yoshino

題來說，將智慧型手機變成顯微鏡比直接買一臺顯微鏡便宜多了，資源較缺乏的學校或許也可以透過這個專題來進行顯微觀察。此外，我們可以透過這樣的儀器，再次發掘我們身處的花花世界。

在makezine.com/projects/smartphone-microscope/網站上可以看到更多製作過程的照片，另外，也可以看到其他人的微距攝影作品。歡迎分享自己的作品！

+SKILL BUILDER

避免壓克力板在鑽孔時碎裂

如果要在壓克力板上進行裁切或鑽孔，很容易遇到破裂的問題。這裡我們分享一個防止破裂的方法：首先，在鑽孔的區域上貼一段膠帶，量測好位置之後做上記號，鑽的時候選擇比較鋒利的鑽頭，然後鑽力不要太強，鑽的時候手不要去推，讓鑽頭慢慢把工作完成就行了。

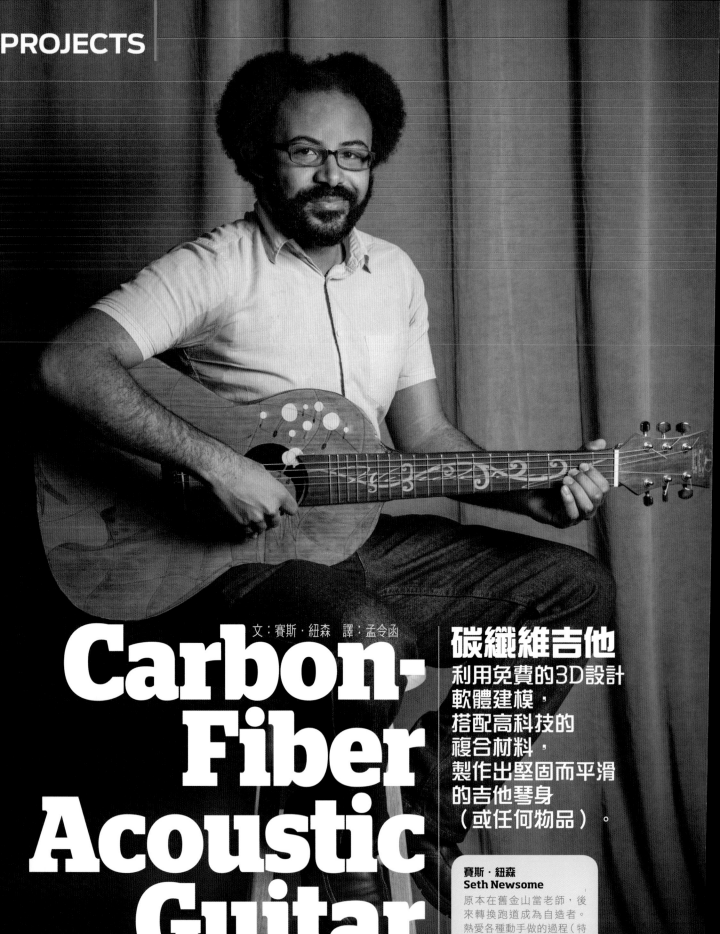

文：賽斯・紐森　譯：孟令函

Carbon-Fiber Acoustic Guitar

碳纖維吉他

利用免費的3D設計
軟體建模，
搭配高科技的
複合材料，
製作出堅固而平滑
的吉他琴身
（或任何物品）。

賽斯・紐森
Seth Newsome

原本在舊金山當老師，後來轉換跑道成為自造者。熱愛各種動手做的過程（特別是木工），也喜歡熟悉新的製作方法，並且分享所學所想，教大家怎麼自己動手做。

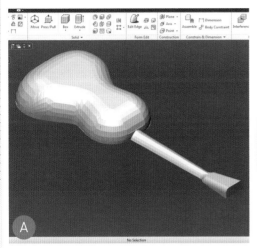

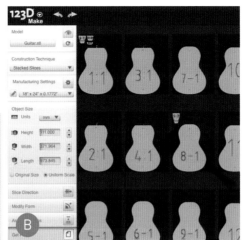

我在舊金山的Techshop開設一個工作坊，主要是製作我個人的碳纖維吉他琴身。這些製作步驟很有趣，也適合所有人動手做。首先，用Autodesk的免費123D Make軟體設計一個3D模型，再用切層工具將模型轉為平面切層，然後用瓦楞紙版一層一層的疊起來。接著將碳纖維布料蓋上整個模型，然後用Marine grade epoxy樹脂讓布料變硬。我的模型是仿製1940 Gibson L-00型號的吉他，不過，因為碳纖維布料不太適合摺成做尖銳的直角，所以它的側邊比較像Ovation的吉他，是圓弧形的。最後的吉他成品既好看，音色也棒！

這次的工作坊專為新手設計，只需要堆疊琴身，收尾時也只用到了刷子與手套；以後我想帶大家一起試試看進階的版本，在製程中使用真空袋。我差不多花了一整個禮拜的晚上，才獨自完成整個琴身，所以大家應該需要花上幾個周末完成整個吉他。

1. 吉他的 3D 模型

你可以用自己喜歡的3D軟體設計，或是跳過設計的步驟，直接下載我使用的3D模型（圖 Ⓐ）。（makezine.com/go/carbonfiber-acoustic-guitar）

2. 將 3D 模型分層切割

打開Autodesk 123D Make軟體，匯入你的3D模型；在左側的建構功能（Construction Techniques）欄位下，點選分層切割（Stacked Slices）。

再來，設定物件的大小以及材質。我設定的物件大小（Object Size）為935mm×358mm×111mm（長×寬×高，36"×14"×4.37"）；製作設定（Manufacturing Settings）選0.177"

為何選擇碳纖維？

碳纖維布料目前還無法取代傳統的木質吉他，但已經有許多進展：

Seth Newsome

- **音質** 好的碳纖維吉他有乾淨明亮的音質，且碳纖維與木頭材質相比，每一批生產的成品差異性較小，比較可以確保吉他的成品品質與聲音表現穩定。
- **耐用** 碳纖維堅固又耐用，也比木頭容易修補或重組，而且碳纖維不會受到天氣或濕度的影響。
- **製作簡單** 只花了一個晚上，我就讓一瓶環氧樹脂、一堆布料，搖身一變成了一把吉他琴身形狀的物件，以待最後修整。就算你想設計、製作特別的款式，也相當容易，不需要用到吉他的各種夾具或工具，只要改變模型的形狀就好了。

時間：
幾個星期
成本：
琴身180~200美元
零組件100美元

材料

» 瓦楞紙版
» **碳纖維布料**：我是用平織布料，因為它比較便宜，不過其他織法的布料也可能更適合。
» **S-glass 玻璃纖維（非必須）**：這是一種比較便宜的填充物，可用於碳層之間。
» Coremat 發泡 PU
» **環氧樹脂，TAP Plastic Marine Grade Premium 314 樹脂以及 109 硬化劑**：打開後可久置、較無臭味和泡沫產生。
» **黑色染料**：為塑膠樹脂染色。
» **塑膠打包膜**，又稱伸縮膜、捆箱薄膜
» 填充塗料（Bondo）
» 紙膠帶
» 碎木料
» **砂紙**：粗細度 80 或 120
» **防水砂紙**：粗細度 180、220、320、400、600、1000
» Auto-body 抛光粗蠟
» 保護蠟

工具

» 電腦
» **3D 設計軟體（非必須）**：我的老師是用 Autodesk Inventor 設計吉他的 3D 模型，可以在這篇專題的網站頁面上下載（makezine.com/go/carbon-fiber-acoustic-guitar）
» **123D Make 免費切層軟體**，在 123dapp.com/make 下載。
» **雷射切割機（非必須）**：你也可以直接用手切割紙板，不過我推薦大家進入 makezine.com/where-to-get-digital-fabrication-tool-access 頁面，看看有沒有機器或是相關的服務可以利用。
» **Vector 影像處理軟體（非必須）**：功能就像 Adobe、Illustrator、CorelDRAW，將檔案傳送到雷射切割機。
» 螺桿夾具
» 刻度尺
» 拋棄式的容器跟刷子
» 拋棄式手套
» **口罩**：在切割碳纖維跟樹脂會有一些粉塵產生。
» 安全護目鏡
» **剪刀**（使用完就可以丟掉的）
» 弓鋸
» **附切刻片的電動旋轉工具**：可使用 Dremel 的產品。
» 磨砂塊
» 碎布或清潔棉盤

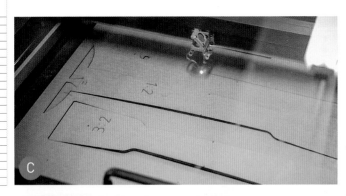

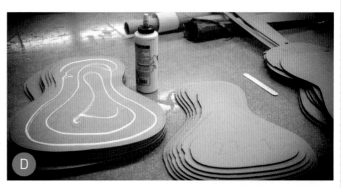

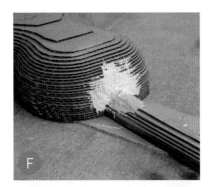

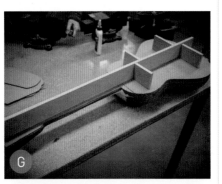

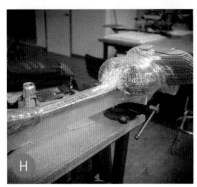

的分層,以及18"×24"的紙板大小;成果是56個不同的分層分配在23張標準大小的瓦楞紙版上(圖 B)。

仔細檢查模型,看看設計好的樣板有沒有錯誤,接著按下輸出選項(Get Plans)並選擇 EPS 檔案格式。

3. 雷射切割並組裝模型

我 用 Adobe Illustrator 把 EPS 檔 案 傳 到 Epilog 60W雷射切割機上(圖 C),選擇適合紙板大小的設定(我選擇的是功率70%、速度90%、頻率500Hz)。

每一片紙板都有標號,依照數字的順序將它們堆疊起來。再把每一層之間塗上黏膠(如圖 D 、圖 E),視情況決定需不需要夾緊。

4. 完成模型

» 打磨邊角。碳纖維比較難完全摺成尖銳的直角,用 Auto-body 拋光粗蠟來使琴身與琴

Seth and David Newsome

頸之間的接合處更加滑順（圖 **F**）。

» 製作把手。將一些碎木板釘上吉他的紙模型，製做一個堅固的把手，接著用螺桿夾具夾住模型，將其升高並保持固定不動（圖 **G**）。

» 脫模的前置作業。為了避免樹脂與紙板相黏，兩種材質之間需要一層保護。一般市面上的脫模產品沒辦法用在紙板上，所以可以用捆箱膜把整個模型包起來（圖 **H**、圖 **I**）。它是一種類似保鮮膜的產品，但是更堅固也更厚，一般是用在保護貨物，避免彎曲或碰撞。

5. 覆上碳纖維布料

在進行此一步驟前，先在工作區舖上帆布或塑膠膜，再將所需要的材料排放整齊。否則要混和樹脂時，場面就會開始混亂囉。

剪下2張碳纖維布料和1張S-Glass，長度與寬度大約比模型的大小多一些（我每一邊都大約留½"的寬度）。比較美觀的碳纖維布料先放到一邊，之後可以當成最外層。

依照產品說明，混合10oz的樹脂，這裡樹脂與硬化劑的比例是4:1，你可以用量杯目測其劑量，但是用重量來算最為準確。Epoxy樹脂需要溫暖的環境，所以記得看看樹脂瓶身上註明適合的環境溫度為何。

先在模型上覆上第一層碳纖維，再將刷子沾滿混和好的樹脂，用其沾濕整片碳纖維，不要有遺漏的地方，也要避免泡沫產生（圖 **J**、圖 **K**）。在樹脂塗層完全乾硬之前，要靜置個20-30分鐘。

> **小技巧：** 在一些轉角的地方，碳纖維布料會凸起來，無法完全貼合模型，你可以稍微把布料剪開一個縫，然後把兩邊疊在一起貼合。如果有需要，也可以拿碳纖維的碎布料蓋在上面，讓整個線條更順。不用擔心它看起來醜醜的，這只是第一層而已，只要你有戴手套，就不用害怕用手把它拉順或整形。

再混和一批樹脂，利用相同的手法與步驟，再蓋上一層S-glass布料，然後就輪到最外層了。但是在做最後一層時要格外小心，因為最外層就是吉他的外觀了。

讓樹脂靜置，慢慢硬化，過程中避免沾上灰塵與指印。

6. 脫模

戴上護目鏡與口罩，用Dremel、角磨或是弓鋸，除去超出紙板模型範圍的碳纖維布料與樹脂，小心邊緣比較尖銳或碎裂的地方。

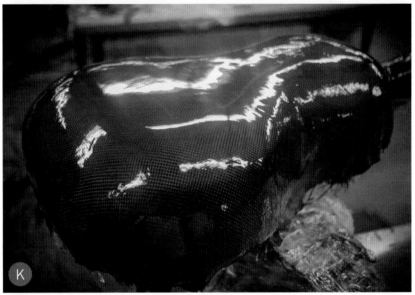

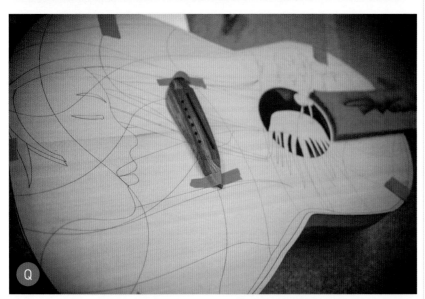

找個幫手扶著琴身，然後將整個模型拉出來，或是一點一點扯出來（圖**L**）。檢視你的成果，最難的部分已經結束囉！

7. 琴身補強

吉他的琴身要堅固結實，音色與音質才能清澈明亮，琴頸更是要能夠承受超過100lbs的琴弦張力。

檢查看看整個琴身有沒有哪些部位過於彎曲。我的琴身有些邊角有一點點彎曲，琴頸某些地方也有一點變形（一般傳統吉他有衍架桿來調整琴頸的曲度，但是我們只有堅硬的碳纖維支撐琴頸）。

Coremat發泡PU是種吸收能力極好的材質，可以吸收大量的環氧樹脂，待其乾硬後就十分堅固了。我在琴身的四周以及琴頸的中央，都鋪了一層Coremat，並在Coremat下鋪了一條S-Glass，使其與碳纖維貼合。雖然看起來不太漂亮，不過這是在琴身內部，沒人會看到（圖**M**）。

將吉他放在塑膠墊上翻過來，讓多餘的環氧樹脂沿著琴身的邊緣流下來，留下吉他輪廓的印痕。這樣等一下把木頭的組件裝上去會更容易。在琴身與琴頸上放些東西加壓，它就會慢慢乾掉，並與桌面呈水平了（圖**N**）。

8. 調整、打磨琴身

確定琴身平放時完全貼合桌面，如果有任何凸起的地方，以2×4碎木塊為基座，用磨塊打

Seth and David Newsome

磨，其砂紙粗細度為80或120，。

　　檢視琴頸的大小，並試試手感，跟其他吉他比較看看。如果有需要，可以用角磨機或Dremel來修整琴頸的厚度。

　　接著測量吉他面板的厚度，我的是2.6mm，然後將琴身磨掉一個吉他面板的厚度，這樣整個吉他面板放上去後，就會剛好與指板成一直線。在動手之前，可以先用紙膠帶標示出要磨掉多少厚度（如圖O 、圖P ）。

9. 組裝吉他

　　組裝木頭組件的方式跟製作傳統木吉他一模一樣。我用五分鐘AB環氧樹脂（5-minute epoxy）將木頭組件黏上琴身，加以夾具和重物加壓輔助，先組裝吉他面板，接著是琴頸，最後是紙板與琴橋（圖Q 、圖R 、圖S ）。

　　稍微切割修整琴頸，使其與琴頭相吻合；再修整指板，使其與琴頸相吻合。詳情可以看makezine.com/go/carbonfiber-acoustic-guitar。同時推薦大家強納森・金基德（Jonathan Kinkead）的《自己動手做原聲吉他》（ Build Your Own Acoustic Guitar ）。

10. 修補、打磨、拋光

　　用黑色的五分鐘AB環氧樹脂或堆疊樹脂來修補吉他上的縫隙（圖T ）。

　　用紙膠帶把木頭的部分貼起來，然後用粗細度80或120的砂紙，把凸起的部分磨平。然後用粗細度180、220、320、400的防水砂紙水磨，依其粗細度的順序施作。

　　接著用樹脂替整個琴身塗上一層保護層（圖V ，也可以省略這個步驟），然後靜置風乾一整天。再用400、600、1000的砂紙水磨，製造出光澤。

　　在最後的拋光程序，我用美國龜牌研磨蠟（ Turtle Wax ）與Auto-body拋光粗蠟替琴身上了一層保護，最後再上一層保護蠟（圖W ）。

　　因為這個專題，我學會了各種新技巧，也實驗了以前沒敢嘗試的做法。指板是CNC切割的槭木，上面有雷射刻字，並填入染色的樹脂；琴頸是雷射雕刻而成，琴橋也是CNC切割製成的。最後我在吉他面板上雷射蝕刻了喜歡的圖案，並手工上色（圖X ）。

　　這是我第一次接觸碳纖維布料，也是我第一次動手製作樂器，我相當滿意我的作品。◐

更多3D吉他模型、製作技巧及照片，請上makezine.com/go/carbon-fiber-acous-tic-guitar。

Plasma Arc Speaker

文：約翰・艾爾文　譯：劉允中

電漿電弧喇叭 利用電弧震盪發聲的擴音器

約翰・艾爾文
John Iovine

平時喜歡玩一些自然科學、電子方面的手作專題，兼事寫作。同時，他也是影像科學儀器（ Images SI Inc. ）這間小公司的老闆。現居紐約史泰登島區（ Staten Island ），家中成員除了太太和兩個小孩之外，還有愛犬 Chansey 和愛貓 Squeaks。

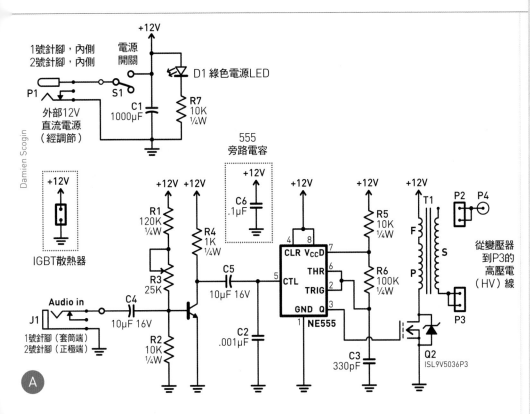

時間：
2〜5小時
成本：
50〜100美元

材料

» **電漿電弧喇叭套件包**：內含下列所有零件，Images SI 定價為 90 美元（imagesco.com/kits/plasma-speaker.html）。
» **散熱填料**

—或者，也可以分開購買下列零件—

» **高電壓馳返變壓器，40W〜80W，最大輸出電壓為20kV**：Images SI 商品編號 HVT-01，電路圖中標為 T1。
» **電源連接器，2.1mm**：P1。
» **搖頭開關**：S1。
» **電阻，100kΩ，¼W (2)**：R1、R6。
» **電阻，10kΩ，¼W (3)**：R2、R5、R7。
» **電阻，1kΩ，¼W**：R4。
» **可變電阻，多圈微調，25kΩ**：R3，範圍 10kΩ〜25kΩ。
» **電容，470μF，25V**：C1，可用範圍為 470μF〜1,000μF，16V 或以上。
» **電容，0.001μF，100V**：C2。
» **電容，330pF，50V**：C3。
» **電容，10μF，16V (2)**：C4、C5。
» **電容，0.1μF，100V**：C6。
» **LED，submini 型，綠色**：D1。
» **音源連接器，3.5mm**：J1。
» **555計時器 IC 晶片，LM555**：U1。
» **IC 腳座，8 針腳用**。
» **電晶體，2N3904**：Q1。
» **電晶體，絕緣柵雙極型（IGBT），ISL9V5036P3**：Q2，可在 Images SI 購得。
» **IGBT 用的散熱裝置**。
» **風扇，12VDC，40mm×20mm**。
» **塑膠管，直徑為 3"，長度為 4"**。
» **接線柱，黑色**。
» **接線柱，紅色**。
» **高壓電線，長度約 12"-18"**。
» **電線，美規 22-20，實心絕緣，長度約 12"**。
» **電源供應器，12V 直流電，2A 或以上**。
» **塑膠外殼**

工具

» **焊鐵**
» **扳手或鉗子**
» **旋轉式裁切工具**
» **電鑽與鑽頭**
» **麵包板（非必要）**：如果不用套件包裡的印刷電路板，就會需要另外的麵包板。

太陽、世界上最貴的喇叭和 1890 年代的桌燈有什麼共同之處呢？答案當然是電漿，物質的第四種型態！這款電漿電弧喇叭利用電弧的電漿震動，製作完成後就可以播放你最喜歡的音樂。

電漿是一種高溫、高度離子化的氣體狀態，導電性很強。傳統喇叭用的是固態振膜，而電漿電弧喇叭用的則是一層氣態振膜，沒有實體，很容易對高頻率的聲音訊號產生反應。如果將電極上的電訊號改變，會使得電漿中離子震盪，進而使得氣體振膜開始震動，產生空氣中傳遞的聲音。

會唱歌的電弧

歷史上的第一個電漿電弧喇叭可以追溯到 1899 年。當年，威廉・都德爾（William Duddell）把一個普通的碳弧燈連上電路（包含一個電容以及一個感測器），結果發現可以產生出電路板共振頻率的聲音。後來，他接上鍵盤，彈了一首〈天佑女王〉（God Save the Queen，英國國歌），這被認為是歷史上第一個電子樂器，也就是「會唱歌的電弧」。

運作原理

現代電弧喇叭通常都使用 555 計時器或 TL494 脈寬調變控制器，輸出端接到一般規格的電晶體或者金氧半場效晶體管（MOSFET），使連到高壓變壓器的電流快速開關（圖 Ⓐ）。這

個專題選用的是 555 計時器，搭配單一電源元件 MOSFET，我認為這是非常恰當的選擇，兼具雙極電晶體的高電容特性與 MOSFET 的電壓控制功能。

我們將 555 計時器設在一個不穩定的模式中，持續輸出 RC 電路（包含兩個電阻與一個電容）傳來的頻率，這也就是供給 HV 變壓器電源的震盪頻率。我將基準頻率設在 23 kHz，這樣一來 HV 變壓器不會自己透過電弧（電漿）輸出聲響，也就不會干擾輸出的音訊品質了。

555 計時器的 5 號針腳負責控制電壓輸入。如果在這個針腳上施加電壓，就可以操控計時器的輸出頻率，這跟 RC 電路設置的基準頻率無關，這會產生調頻（FM）輸出，就跟調頻廣播一樣。將音訊輸出從 2N3904 電晶體連到 5 號針腳之後，就可以讓聲音訊號來調節 555 計時器的輸出頻率了。這個調頻輸出訊號，經過 HV 變壓器放大之後，會造成電漿中的離子震盪，這也就是聲響發出的原理了。

這個小喇叭就像高頻喇叭一樣，大的電弧在低頻的時候比較精確。反之，小電弧在高頻的時候就可以發揮功效。

1. 線路組裝

首先，請先把套件包裡的零件焊接到印刷電路板（PCB）上（圖 Ⓑ）。如果不是使用套件包，

Damien Scogin

警告！

高壓電可能造成死亡！

如果你對於高壓器材並不熟悉，我們建議你不要進行這個專題。如果你有心臟方面的問題，甚至戴有心律調節器這一類的生醫器材，請不要進行這個專題。確保專題過程的組裝與運行安全無虞是使用者的責任，高壓電可能會使得你突然跳起來、移動、跌倒等等，造成觸電以外的二次傷害。在開始進行之前，請詳細閱讀以下的安全警告，在操作高壓裝置時切記提高警覺。

基本安全守則

» 將一隻手放在口袋裡。只用其中一隻手與高壓器材接觸。這會降低電流透過雙手形成的通路流過心臟的可能性。

» 工作區要避免接地的可能。保持工作區整潔，這樣才可以輕易判斷（電線與地線）。

» 確認地板乾燥並穿著橡膠底的工作鞋。

» 確認高壓電源已關閉。將裝置的電源線拔除，不要相信電源開關，如果不小心打開電源開關，後果不堪設想。

» 疲累或無法保持警覺時不可工作。

» 線路高壓端跳到低壓端可能會將音響裝置摧毀，因此，可以使用便宜的音響裝置，如果發生這樣的事情，我們無法賠償你的音響裝置。

在這個專題網頁上可以看到更完整的安全守則（makezine.com/go/plasma-arc-speaker）。

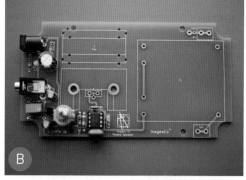

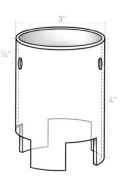

可以參考電路圖（圖Ⓐ），用點對點接線的方式來完成電路。請注意，只有低電流零件（像是555計時器、2N3904電晶體、音訊輸入等等）才能用在免焊電路板上（雖然整個電路的電流加起來還不到2A，但還是超過免焊電路板的上限了）。

提示： 如果你用了別種高電壓變壓器，可能會需要調整555計時器的基準頻率，才能做出「安靜」的高電壓電漿電弧。你可以用電路中的電阻和電容（R5、R6和C3）來測試一下，看怎麼樣才能達到安靜的效果。

然後，請將散熱裝置裝在IGBT後方，確認接觸面沒有問題，這樣一來才能確保熱功能良好（圖Ⓒ）。

2. 裝入外殼

這個線路會輸出很高的電壓，所以處理高電壓變壓器附近的零件要特別小心！為了避免意外發生，我們會將這些零件放進塑膠外殼裡，塑膠材質不導電，比金屬外殼安全許多。首先，我們要把高壓電線連到高電壓變壓器的輸出端，然後接到電漿喇叭管的接線柱。

接著，我們要在外殼上鑽上通風口、電源轉接頭、音訊輸入、LED、開關、高壓電線的孔洞（圖Ⓓ）。關於這個部分，可以參考專題網頁上

重要提醒： 大型的IGBT散熱裝置以及12V直流電的風扇扮演關鍵的角色。風扇的安裝位置愈靠近散熱裝置愈好，這樣散熱效率才會最高。另外，也請確認塑膠外殼的通風口夠大，這樣氣流進出才會順暢無阻，否則熱氣無法散出。如果散熱裝置不能正常運作，IGBT可能在一分鐘之內就過熱了。

的模板（makezine.com/go/plasma-arc-speaker）。

3. 製作電漿喇叭管

我們的喇叭是由長度4"、直徑3"的透明塑膠管做的，在塑膠管底部刻三個凹槽，製造角柱幫助通風散熱（電弧就跟蠟燭一樣燙）。

在管子的相對兩面鑽上孔洞，位置在頂端往下1¼"處，孔洞大小要能容納接線柱端子（見圖Ⓔ）。

4. 安裝電極

製作電極的時候，請將一段美規22–20的實心電線焊接到接線柱端點上。如果接線柱上面沒有焊接用的端點，那只要把電線纏在接線柱的螺栓上就行了。

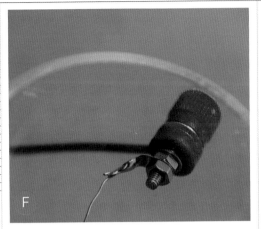

F

G

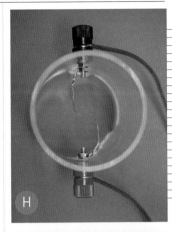

H

I

J

然後，將每一個接線柱用螺帽固定，並接上變壓器那邊接過來的高壓電線（圖 F）。

5. 接收聲音訊號輸入

用螺絲起子旋轉可變電阻R3（圖 G），可以調整通往NPN電晶體放大器的音訊偏誤。在打開電漿電弧喇叭之前，請將可變電阻R3調到中間位置。

我用的聲音訊號輸入是100mV（0.1V，峰峰值），從iPod傳入。如果訊號太大的話聲音會被扭曲，所以，如果電漿電弧喇叭聲音聽起來很糟，第一件可以做的事情就是降低音量，有時候「少即是多」。

6. 放點音樂吧！

在開始播放音樂之前，先調整一下電極，確認電線呈現弧形，底端之間兩兩相對（圖 H）。這是為了確保電弧在電線底端之間形成，在這個情況之下，聲音品質最佳。如果電弧在電線的之間移動，聲音會扭曲，此時調整一下電線之間的間隔，大約在¼"左右，好了之後，將音訊播放裝置連上線路的輸入端，然後按下播放（圖 I）。

接著，將喇叭接上電源，調整音量使得電弧可以順利產生（圖 J）。如果電弧沒有產生，先確認是不是真的有播放音樂，如果還是不行，就把喇叭關掉，拔掉電源，然後調整電線之間的縫隙。

現在，你可以用這個電漿電弧喇叭來播音樂了，這跟市面上許多高級玩家音響的原理相通。

更多實驗

» **分頻器**如果要把電漿電弧喇叭做成高頻率喇叭，來彌補現有的高保真（Hi-Fi）喇叭的不足，可以參考保羅‧法傑特（Paul Faget, github.com/paulfaget/PlasmaArcSpeaker）或者奧立佛‧杭特

（Oliver Hunt, hvlabs.com plasmasonic.html）的高低頻分頻線路。

» **火焰喇叭**你甚至可以用高溫火焰（低溫電漿）做為氣態振膜來產生音響，在網路上可以找到更多訊息。

＋更多高電壓自造者：理查‧荷爾（Richard Hull）與高能量業餘愛好者科學團隊（High Energy Amateur Science group）做了許多和特斯拉線圈與核反應爐有關的專題，詳情可以在 tfcbooks.com/mall/hull.htm 和 teslauniverse.com/community/groups/heas-tcbor 這兩個網頁上找到。

在本專題網頁上有電漿電弧喇叭運作實況、更多實驗訊息可以參考，也歡迎你跟我們分享你的成果（makezine.com/go/plasma-arc-speaker）。

MAKE:其它高壓專題與套件包：
充實你的科學怪人實驗室！

特斯拉線圈
用啤酒瓶當電容，利用尼古拉‧特斯拉（Nikola Tesla）的發現製作出會發射閃電電弧的線圈吧！
makezine.com/go/six-pack-tesla-coil

核子反應爐
打造冒著紫色火焰、為離子加速的迷你核子反應爐，這個專題由電視的發明人費羅‧法恩斯沃斯（Philo T. Farnsworth）發明。
makezine.com/go/nuclear-fusor

時鐘套件包
這一款時鐘結合古典與時尚，使用俄國製造的真空螢光顯示器（VFD，vacuum fluorescent display），這是1960到80年代的時尚。到Maker Shed網頁去找找吧！
makezine.com/go/ice-tube-clock-kit

Easy Mega Infinity Mirror
無盡之鏡簡單動手做

文：麗菈・貝克　譯：謝明珊

快速組裝出星河之門或酷炫的啤酒乒乓球桌

麗菈・貝克
Lila Becker

SmartLab Toys玩具公司的設計師，擁有奧瑞岡大學（University of Oregon）產品設計學位，一直喜歡自己做東西。

這項專題的靈感來自蘇格蘭的一間博物館，我參觀那裡的無限鏡屋，有一種彷彿飄盪在太空，被繁星所包圍的錯覺，那是我見過最酷炫的玩意了！

我的無盡之鏡專題，百分百都要自己親手做。材料很容易取得，在五金行和塑膠行都買得到，以壓克力板和隔熱膜打造出大型的單面鏡。

這項專題操作起來很簡單，不用什麼電子專業能力。你會用到便宜的電子耶誕燈泡，亞馬遜（Amazon）全年販售中。不妨挑選自己喜歡的燈泡顏色，或者會閃爍或變色的燈泡，訂製出專

屬於你的無盡之鏡。

1. 把1×4木材裁成長度24"和72"各兩塊。

2. 把木條漆成消光黑，其中一塊長度24"的木材尾端，以圓銼切割出凹槽，用來收納LED燈泡的電線。

3. 四塊板子組合成72"×25½"的長方形木框，四個角以1½"平頭螺絲鎖好，24"木條務必卡在兩塊72"木條中間。

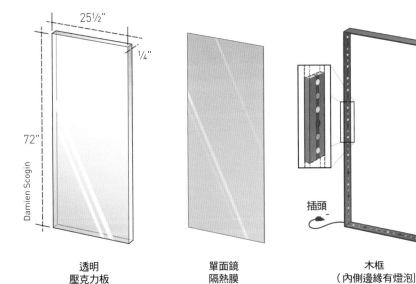
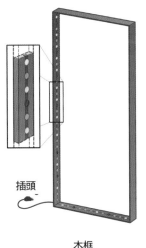

Damien Scogin

25½"

¼"

72"

插頭

透明
壓克力板

單面鏡
隔熱膜

木框
（內側邊緣有燈泡）

壓克力
鏡面

裡襯
（可省略）

4. 找到LED燈泡未連接插頭的電線尾端，以釘槍固定在木框內的角落、待會兒要黏上隔熱膜的地方，LED燈泡則釘在木框凹槽裡面，沿著1×4木條的中線排列，燈泡面向木框的中心。

稍微鬆開有凹槽的角落，電線插頭從裡面穿出來，然後鎖好螺絲。

5. 在透明壓克力板鑽出12個洞，間隔必須一樣大，接著完成埋頭孔。

6. 依照廠商的說明書，壓克力板有埋頭孔的那一側貼上隔熱膜，千萬不能讓空氣跑進去，單面鏡就算大功告成了。

以美工刀裁切跟埋頭孔重疊的隔熱膜。

7. 在壓克力鏡面邊緣平均鑽好12個洞，間隔必須一樣大，在背面（非鏡子那一側）完成埋頭孔。

以12個螺絲把鏡面鎖在木框上，鏡面朝內。

8. 單面鏡則固定在木框的反面，隔熱膜那一側朝內。

9. 木框外側任何LED燈泡，皆用黑色膠帶包起來，或者用箱子藏起來，以免透出多餘的光亮。

10. 插電並欣賞！

如何使用

把無盡之鏡掛在牆上做為全身鏡，掛在門上也無不可，以營造出通往新次元的真人大小入口。

再不然，把無盡之鏡放在咖啡桌上做裝飾，或者當成令人目不轉睛的啤酒乒乓球桌！記得要有六支桌腳，桌腳都要有標準托座。托座的長度至少有8"，否則桌子會有點不穩。

至於啤酒乒乓球桌，桌腳的長度要有23½"，撞球桌則為27½"（注意：撞球桌表面通常是8'×2'，我們的大約6'×2'），那就是自造的真諦！

在www.makezine.com.tw/make2599131456/212分享你的作品和觀察吧。

時間：
1~2天
成本：
150~200美元

材料

» 木材，1×4，長度8' (2)：名義是1×4，實際是¾"×3½"
» 噴漆，消光黑
» 壓克力鏡面，¼"×72"×25½"：購自TAP Plastic 等塑膠行
» 透明壓克力板，¼"×72"×25½"：購自塑膠行
» 單面鏡隔熱膜：我採用Gila的隔熱膜
» 木螺釘，平頭，#10，1½"(8)、¾"(24)
» LED耶誕燈泡，100顆

工具

» 鑽頭：³/₁₆"和打埋頭孔的工具
» 釘槍
» 螺絲起子
» 圓銼
» 線鋸、切割鋸或手鋸
» 美工刀

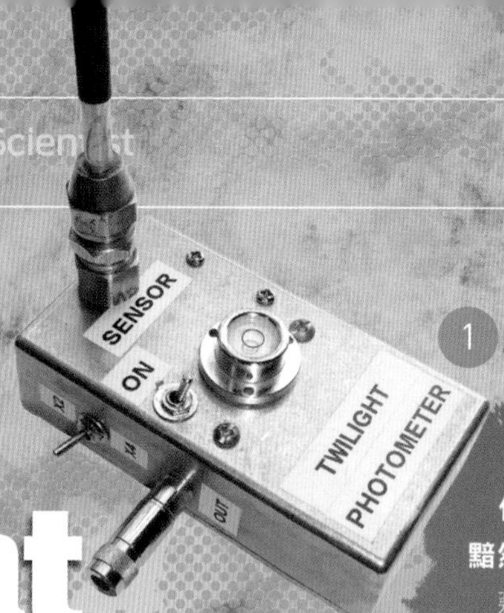

動手做日光光度計
Build a Twilight Photometer

這款高敏度儀器可偵測空中塵埃、煙霧和火山噴發的海拔高度。

文：弗里斯特・M・密馬斯三世 ■ 圖：詹姆士・柏克 ■ 譯：謝明珊

你有想過嗎？為什麼有的日落燦爛奪目，有的卻黯然無光？

藉由這項高敏度的光度計專題，你將揭開日光的奧祕，甚至完成嚴謹的科學研究，確認那些影響日光色調的灰塵、煙霧和空氣汙染，究竟正處於哪個海拔高度。

這項專題可以偵測海拔3公里以上，甚至比大氣平流層（50公里）更高的微粒和飛沫。微粒和飛沫又統稱為氣膠（aerosols）。這款光度計不偵測海拔低於3公里的氣膠，反正空氣微粒遲早會飛到3公里以上。舉例來說，我曾經在德州偵測到遠處火災所瀰漫的煙霧，遠方電廠所產生的霧霾，以及每年夏天從非洲吹來的塵暴。

你也可以偵測硫酸霧的海拔高度，硫酸霧在15～30公里高空，猶如巨大的飛毯籠罩著地球。這些位於平流層的氣膠，若有火山大噴發助長氣燄，甚至能夠持續數年之久，不僅左右了曙光和暮光的長短，對氣候也有深遠的影響。

製作簡易的日光光度計

這裡製作的日光光度計（圖 1）用不著複雜的光學理論，比專業科學家所採用的光度計更簡易、更小巧、更便宜，不過其偵測效果絲毫不打折扣（圖 2），依然測量出對流層海拔3～15公里的塵雲和煙雲，以及平流層海拔約15～30公里的長年氣膠層。這款光度計不採用傳統的光電二極體，改用一般660nm紅色LED，再不然就是880nm近紅外線紅色LED，就是一般電視和家電遙控器常見的那一種。

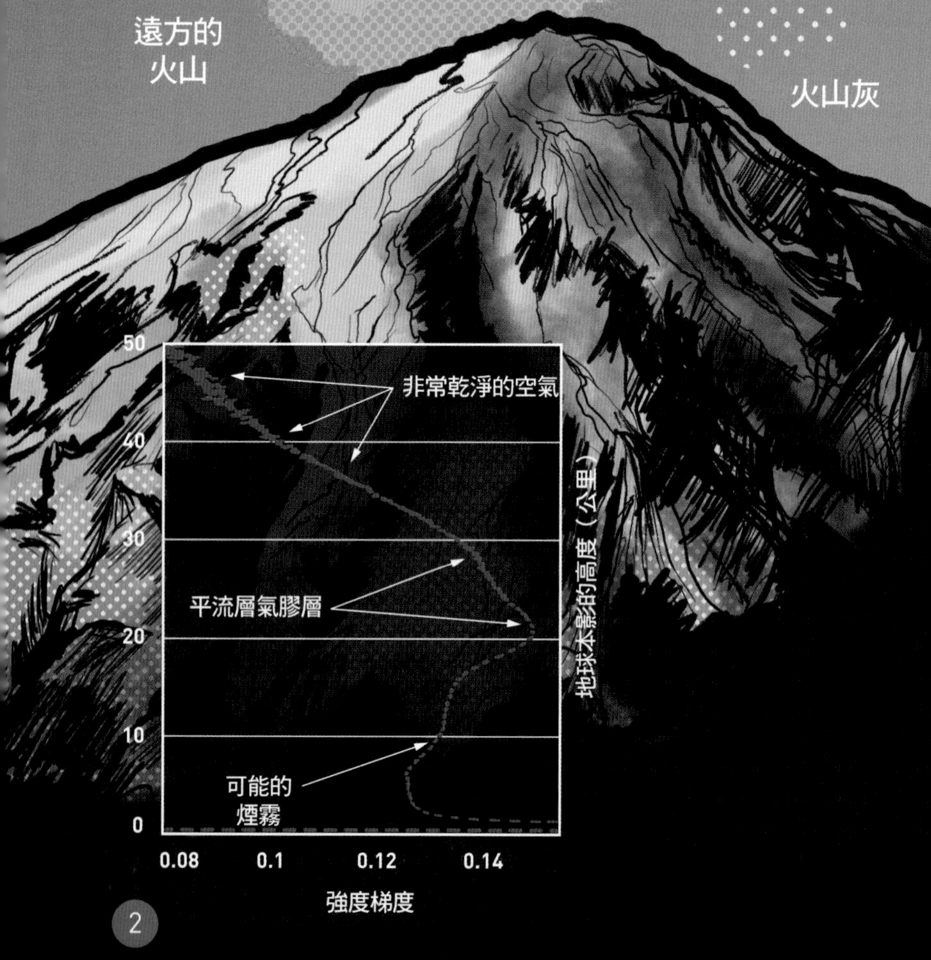

遠方的火山

火山灰

非常乾淨的空氣

平流層氣膠層

可能的煙霧

地球本影的高度（公里）

強度梯度

運作原理

從頭頂漫射的光輝亮度低，在LED產生的光電流很微弱，所以我們必須將LED安裝在透明環氧中。用LED當光源時，如果投射出細光束的話，效果最佳（LED做為偵測光源的詳情，可以參考《Make》英文版Vol.36的「Amatuer Scientist」專欄）。

圖 3 是光度計的電路圖。通電之後，利用運算放大器IC1（TLX271BIP）和串連的R1、R2電阻的高反饋，LED原本微弱的光電流放大數億倍並轉化成電壓。電容C1專門壓制振幅；R1和R2總電阻可控制放大器的電壓增益。我自己測試的結果是，R1和R2採用40 gigohm電阻時效果最佳。若日出或日落期間為30～45分鐘，我們只需要40 gigohm，即可產生足夠輸出訊號，然後暫時關閉開關S2。高值電阻可能很昂貴，也不易取得，但Mouser Electronics（mouser.com）、Digi-Key（digikey.com）所販售的Ohmite電阻就很好用。舉例來說，Mouser販售的40 gigohm Ohmite 軸向引線電阻（MOX-400224008K），價格公道，每個只要4.19美元，如果買不到40 gigohm電阻器，用30或50 gigohm代替也行。

設計光度計

日光光度計應該安裝在金屬殼裡，以免電氣雜訊干擾電力和無線訊號。我在夏威夷冒納羅亞氣象臺（Mauna Loa Observatory）測試第一臺光度計時有切身之痛。LED可以置於金屬殼中，但記得預留小孔，以便日出光束通過，再不然先插入開

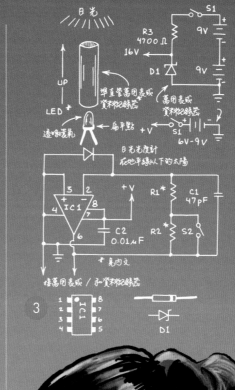

3

日光
光度計

太陽
低於
地平線

弗里斯特·M·密馬斯三世
Forrest M. Mims III
（ forrestmimns.org ）
業餘科學家和勞力士獎得主，被雜誌《探索》（ Discover ）評選為「科學界50個金頭腦」，其著作在全球暢銷達700多萬本。

材料

» 陶瓷電容：47pF(1) 和 0.01μF(1)，分別做為 C1 和 C2
» 齊納二極體，16V，D1
» 運算放大器 IC，TLC271BIP，IC1
» 附有透明殼的 LED，660nm紅色或880nm近紅外線
» LED 燈泡托座（非必要）
» 電阻：40GΩ(2)、4.7KΩ(1)，以 40gigohm 電阻做為 R1 和 R2（見內文）
» 開關，超小型單極單擲按鈕，S1、S2
» 電池，9V
» 電池座連接器，9V，附有引線
» 電池托架（非必要）
» 音頻或電話的插頭和插孔，1/8"
» 輸出插頭和插孔：必須跟資料紀錄器相容
» 絕緣支架（2）：RadioShack 商品編號 2761381 或類似款式
» 附有銅墊的多孔板，1½"×1¼"
» 金屬殼
» 黃銅卡套，3/8"，從五金行購買
» 鋁管或銅管，長度約 4"，從模型店購買，必須跟 LED 相容
» 氣泡水平儀
» 電線和五金材料

工具

» 烙鐵和焊錫
» 鑽頭
» 萬用電表
» 螺絲起子
» 資料記錄器（非必要）

70,000英呎以上

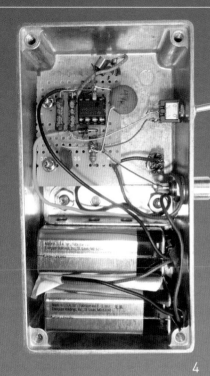

4

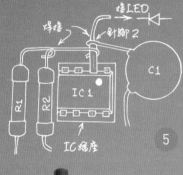

5

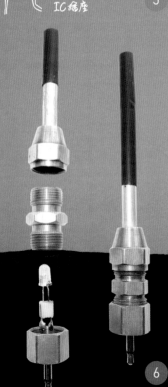

6

放式且搭配準直管的電話或音頻插座,再插入金屬殼上方的插孔。

　　我兩種方法都嘗試過了,個人建議初學者採用本文介紹的外接法,方便你測試各種LED和不同長度的準直管,直到你發現最佳的組合,即可安裝到金屬殼中。

　　兩顆9V電池連接到光度計的電源,因為運算放大器IC1的電壓不能少於16V,所以再利用齊納二極體D1把電壓從18V降為16V。這提供資料記錄器萬用電表最大的輸出電壓。如果你打算採用自製或商用資料記錄器(下一期《Make》會有這項專題的第二部分),電路輸出電壓不能超過資料記錄器的可容許輸入電壓,電壓上限通常是5V,也就不需要2顆9V電池、D1和R3,只要一顆6V電池就夠了。圖3列出這兩種電壓系統。如果資料記錄器的輸入電壓不超過5V,那就在電池正極和IC1之間插入1N914二極體。

組裝電路

　　電路搭在1½"×1¼"的多孔板上,多孔板底部看得出銅的痕跡,圖4為光度計的內部結構,呈現出電路板原型。

　　運算放大器輸入端(針腳2)必須和電路板隔開,以免灰塵、指紋甚或電路板本身,改變運算放大器的電壓增益。把針腳2隔絕在外,就可以避免這種問題。最簡單的隔絕方式,正是為運算放大器IC1增添8腳位IC插座。IC1插入插座以前,針腳2直接向外彎,這樣插入其他7個腳位時,針腳2就不會碰到插座。

　　後續兩個步驟有點棘手,麻煩參考圖5並慢慢來。首先,把R1和C1的輸出端直接焊到針腳2,然後在針腳2和電話或音頻插孔LED負極之間焊好電線。

將電路板安裝到金屬殼

　　電路板組裝完畢後,棉花棒沾酒精清理R1、R2和IC1的表面。電路板安裝在金屬殼一對絕緣支架上(圖4)。本文所介紹的光度計,安裝在Bud Industries所出產的CU-124金屬殼。若你想要更大的金屬殼,五金行有各種款式供你選擇。如果你採用兩個9V電池(圖4),那就以角形托架固定好。

　　圖6是一對LED準直管組,內含黃銅卡套和鋁管或銅管。LED插入托座(非必要),焊接到⅛"電話插頭端子,或直接焊到電話插頭(注意:正負極要判斷正確)。電話插頭推向下半部卡套的開口,並且以橡膠O型環固定好。

　　如果插頭會蓋到LED,不妨省略套頭,但引線必須嵌牢並焊好。插頭的開口插入合適的準直管。準直管長度3"～4",產生大約5度的視區。準直器長度會隨著熱縮管長度調整(圖6)。

使用光度計

　　在晴朗的早晨,日落前10分鐘或日出前45分鐘,把光度計面向戶外的水平面,儘量遠離光源。光度計上方的氣泡水平儀可以簡化校準的工作。如有必要,不妨採用木片來校準光度計。為了達到最佳效果,光度計輸出端不妨連接資料記錄器萬用電表,或者獨立的自製或商用資料記錄器(Onset 16位元HOBO UX120或類似款式),每隔一秒鐘記錄一次資料。如果你沒有資料記錄器,那就每隔10至15秒親自觀察萬用電表上的輸出電壓,把確切時間和輸出電壓輸入筆電或錄音機。我偏好自動記錄,但人工記錄也有50年的歷史。

進一步延伸

　　把日光原始訊號繪成X軸為時間和Y軸為訊號的圖表,你會看到平滑的曲線。更重要的是,繪製出資料變化率相對於日光海拔高度的圖表。至於這項專題的第二部分,預計刊登在《Make》中文版Vol.21,介紹該如何處理你的資料,一來描述這些參數,二來顯示當地氣膠的海拔高度。日光光度計原理的更多資料,請參照makezine.com/go/twilight。

在makezine.com/go/twilight-photometer分享你的作品和觀察吧

1 2 3 為香蕉刺青

傑森・波爾・史密斯
譯：謝明珊

食物可以吃、可以玩，更可以變成藝術品！我看過藝術家菲爾・漢森（Phil Hansen）的作品後，就開始嘗試香蕉刺青。這是為便當增添趣味的妙招，也不會破壞食物本身。

香蕉皮撞傷或擦傷時，細胞摩擦後會釋放化學物質，香蕉皮進而氧化轉為棕色。因此，有尖銳的針頭就可以在香蕉皮創造巨大糜遺的畫作，甚至描繪出自己喜愛的圖案。

1. 列印喜愛的圖案

找到你有興趣的圖案，調整成適合香蕉的大小列印出來。從紙張剪下整個圖案，但邊緣記得預留空白，以透明膠帶黏在香蕉上。

2. 勾勒輪廓

針刺香蕉皮，勾勒出輪廓。儘量刺得密集一點，但不要刺得太深。針插在自動鉛筆裡，刺起來會更方便。刺好就撤掉紙張，你會看到虛線所構成的圖案。

3. 補上細節

現在你必須連接各點並加上陰影。檢查所有的輪廓，在漏掉的地方補洞。至於如何加上陰影，只要輕壓香蕉皮表面即可，輕壓表面後會形成不明顯的痕跡，顏色不久之後就會加深。

這就是可以吃的藝術！ ◆

材料

» 香蕉
» 圖案
» 剪刀
» 膠帶
» 針
» 自動鉛筆（非必要）

傑森・波爾・史密斯
Jason Poel Smith

不斷學習各種自造的技巧，從電子學到手工藝皆有涉獵。在《Make》的Youtube頻道上可以看到他的駭客專題「DIY Hacks and How Tos」步驟教學影片。
Youtube.com/make

在 makezine.com/page-2/ how-to-tattoo-a-banana/欣賞和分享更多作品吧。

Jason Poel Smith

Pi Spy
Surveillance
System

Raspberry Pi間諜監視系統

只要利用Raspberry Pi B+、
攝影機模組和MotionPie免費軟
體，即可輕鬆完成監視工作。

文：麥克．凱斯特　譯：謝明珊

隱藏
攝影機

Michael Castor

注意：連接線的針腳要朝向 Raspberry Pi 的攝影標籤。

不少強大的專題，都是以 **Raspberry Pi 電腦為核心**，尤其會加上 Raspberry Pi 攝影機模組。這款攝影機模組方便設定（參見 makezine.com/go/skill-builder-raspberry-pi-camera-module），最近幫我一個大忙，解決了居家保全的煩惱。

說到監視攝影機專題，Raspberry Pi B+ 是很完美的硬體：價格不貴、體積比前幾代 Raspberry Pi 開發板輕薄、耗電量不多。Raspberry Pi B+ 光憑手機電池就可以撐很久。

此外，來自 Calin Crisan 的免費套裝軟體 MotionPie，幫大家省下不少麻煩。介面方便操作，只要可以連接網路，你可以隨時隨地透過電腦、平板電腦、智慧型手機或任何平臺即時觀看攝影機畫面。

連接並安裝 Raspberry Pi B+

從 github.com/ccrisan/motionPie/releases 網站，下載最新版的 MotionPie 穩定映像檔，並且解壓縮。利用你最喜歡的映像檔寫入工具，把映像檔寫入記憶卡，若是個人電腦，我偏好 Win32 DiskImager，Mac 機種則是 ApplePi-Baker。

把燒錄好的記憶卡（附轉接卡）插入 Raspberry Pi B+。把攝影機模組、無線藍芽收發器和乙太網路模組連接到 Raspberry Pi B+。

最後插電接通 Raspberry Pi B+ 的電源，電源指示燈會立刻亮起，但第一次啟動時間比較長（圖 A 、圖 B ）。

找到 Raspberry Pi B+ 的 IP 位址

現在確認 Raspberry Pi B+ 的 IP 位址。最簡單的方法，就是利用應用程式 Fing，iOS 和 Android 系統皆適用。先確保行動裝置和 Raspberry Pi B+ 連接到相同的網路，利用 Fing 取得網路上所有的 IP 位址清單。如果沒有 iOS 或 Android 行動裝置，可以登入路由器，取得 DHCP 的 IP 位址配置結果。

從 IP 位址清單搜索「Raspberry Pi Foundation」一欄，IP 位址會顯示於左側。要把 IP 位址輸入網路瀏覽器，才能夠存取 Raspberry Pi B+，接著出現使用介面和即時影像畫面。

利用 MotionPie 設定攝影機

上 MotionPie 的網站，點選左上的鑰匙圖案，接著出現對話框，要求輸入使用者名稱和密碼。使用者名稱是 admin，密碼可以留白。

按滑桿圖標，出現管理選單，選擇「顯示進階設定」（Show Advanced Settings），修改你的密碼，按下「套用」（Apply）儲存設定。你必須重新登入，更新後的資料才會生效。

最後，按滑桿圖標，出現無線網路（Wireless Network）的內容，開啟網路連線，輸入網路的 SSID 名稱和密碼，按「套用」（Apply）儲存設定（圖 C ）。

更進一步

MotionPie 還有其他功能，你絕對會想試試看。MotionPie 可以偵測動作並錄製影像，就連縮時攝影也沒有問題。如果設定工作時程表，MotionPie 就會在特定時間錄製影像。你也可以增加感測節點，例如 Pi NoIR 夜視攝影機、USB 攝影機、IP 網路攝影機，甚至設定電子郵件通知，利用電子郵件轉手機簡訊的服務，輕易把電子郵件轉為簡訊。

Raspberry Pi B+ 和攝影機模組體積小，所以這個專題幾乎適合各種地方。你可以安裝在填充娃娃、鳥舍，甚至安裝在車頂直播「街景」，或者藏在衣服裡面，充滿無限可能！ ◢

時間：
30～90分鐘
成本：
70～100美元

材料

» **Raspberry Pi B+ 單片電腦**，Maker Shed 商品編號 #MKRPI5。如果使用 microSD 卡的話，也可以用小一點的 Raspberry Pi A+，Maker Shed 網站商品編號 #MKRPI7。
» **Raspberry Pi 相機模組**，Maker Shed 商品編號 #MKRPI3。
» **Raspberry Pi NoIR 相機模組**，Maker Shed 商品編號 #MKRPI6。
» **USB 無線分享器**，Maker Shed 商品編號 Maker Shed #MKAD55。
» **Micro SD 卡，附 SD 轉接卡**。
» **USB 電源供應器**
» **USB 傳輸線，A 公對 Micro**
» **乙太網路（非必要）**

工具

» **電腦**，安裝 MotionPie 軟體，可從 github.com/ccrisan/motionPie 下載。

邁克爾・卡斯特
Michael Castor

Make Shed 產品研發經理（makershed.com）。興趣廣泛，包括滑雪、武術、CNC、3D列印、無人飛行載具等。

記得：能力愈強，責任愈大。請不要濫用間諜監視系統為非作歹。

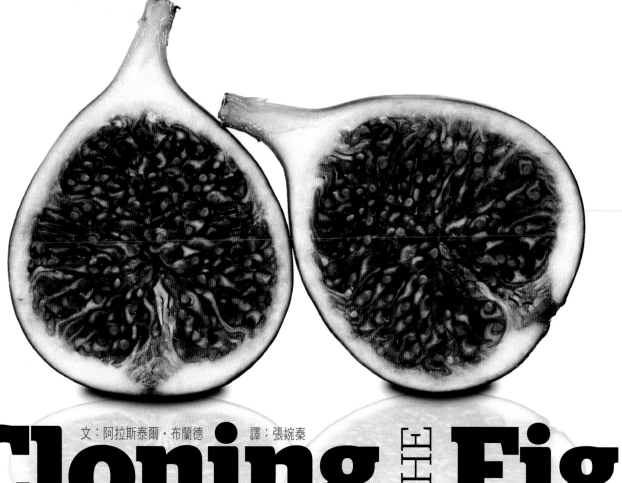

文：阿拉斯泰爾‧布蘭德　　　譯：張婉秦

Cloning ᴛʜᴇ Fig

複製無花果　別偷摘鄰居的無花果了──複製就好！

阿拉斯泰爾‧布蘭德
Alastair Bland

居住在舊金山的自由撰稿人，那同時也是他出生的地方。他替出版社撰寫有關農業、科學、漁業以及環境方面的議題。合作對象包括史密森尼學會、耶魯360度環境觀察（Yale Environment 360），以及全國公共廣播電臺（NPR）。旅遊時依靠腳踏車移動，喜歡在熊之鄉野生動物園（bear country）露營、製作酵素，而且熱愛無花果。

不論是在視覺上或是文化上，無花果都有其獨特的美麗。這個像果醬般，有著水滴外型的水果，幾個世紀以來在歐洲備受喜愛，在東方更是有千年的歷史。現在它們在美國以及加拿大逐漸受到歡迎，有愈來愈多人在自家種植無花果樹。

如果仔細注意鄰居的圍牆裡面，尤其是住在西雅圖、紐約或是奧斯丁，有很大的機會看到無花果樹。看到那些低垂的水果如此鮮嫩欲滴，想要潛進院子偷摘一些的誘惑也許非常強大，不過，比較有禮貌的方式是去敲敲主人的大門，同時希望可以獲得允許，拿走一大袋滿滿的水果。然而，最終你仍然必須面對一項事實：這些水果始終不是你的。

除非，你直接複製那棵樹。這不是什麼艱難的科學。事實上，這是個精巧又簡單的方法，是農業中一個非常古老的招數。

幸好無花果是非常容易複製的果樹之一，不像其他水果，它們並不需要嫁接到另外一棵樹。相反地，只要一段新砍下的無花果樹枝，就可以生根、成長，最終結出跟母樹完全相同、結實纍纍的果實。無花果樹也可以種在花盆裡，成長到能結果實的尺寸也沒問題，所以不用擔心自己沒有後院可以栽種。

1. 挑選無花果樹

能夠持續結出果實的最為優良。如果它的所有者能告訴你無花果的種類，不論是白熱那亞、加州黑、卡獨太（Kadota）、加州沙漠王（Desert King），或是其他上百種之一，都有助於你決定這棵樹是否適合在居住地的氣候生長。園藝書籍與網站都能告訴你

A

B

C

時間：
2～3個禮拜
成本：
免費

材料

» 成熟、健康並多產的無花果樹
» 修枝剪／整枝剪，也就是所謂的花枝剪
» 取得主人的許可，切下一兩條枝條
» 透明的玻璃花瓶或塑膠袋
» 植物花盆跟盆栽土壤

不同品種適合的生長環境（figs4fun.com是非常好的資訊來源）。

綠皮的沙漠王適合海邊沿岸涼爽的區域，然而加州黑則適合生長在驕陽似火的夏天。沙漠王只在六月或七月結果一次；加州黑則結果兩次，早夏的時候果實較小，秋天結的果實較大。其他品種的無花果皆為晚收作物。易落型無花果（Calimyrna）需要特別的昆蟲授粉才能結果，如果種植在加州中央山谷以外的地區，就無法結出果實。

挑選合適種類的最好方式，就是觀察在居住地生長茂盛、結實纍纍的無花果樹，然後選定那個品種就對了。

2. 獲取插條

複製一棵樹需要樹木，也就是切割枝條。想要有最好的成果，就要挑選從上個季節就呈現健康狀態的樹木（也就是要一歲以上）。枝條的尖端呈現綠色的部分可能無法順利成長紮根。如果在季末的時候切割，你需要36"長以上的整段枝條。如果在早春的時候切割，這時樹木才從冬季休眠狀態中覺醒，你可能只需要8"左右的長度就好。

3. 修整枝條

修剪枝條上的樹葉，以及尚未成熟的果實（圖A），然後以8"為單位分段（圖B）。這些就是你未來的樹木。

4. 培育生根

無花果是個很堅韌的水果，適應力強並且耐久，所以不太需要什麼高深的技巧，簡單插枝之後就可以等待生根、發葉。我曾經將剪下的枝條插入盆栽，最終那段嫩枝成功長成一棵樹。

不過讓插枝保持濕潤，甚至浸在水中，也

還是會發芽。接著，將插枝放在裝有乾淨水的花瓶中（圖C），或是密封在透明的塑膠袋中。如果看到袋子裡面有發霉，打開將嫩枝晾乾幾個小時。如果黴菌看起來不會繼續擴散，可以再把嫩枝放到水中。

10到20天過後，白色新生的樹根應該會像麵條一樣從插枝上冒出（圖D）。有些插枝會同時冒出綠色的葉子，甚至比新生的根更早出現。不論順序如何，一旦明白顯示插枝充滿生氣，並且卯足了勁生長，就給予一些泥土。將它們種在4"深的小花盆中（圖E和F），這時還沒有必要用到生根激素。

5. 陽光充足的地方

樹木接受直接日照的機會愈多，果實就會愈甜──這是很簡單的能量進出方程式。所以，要仔細選擇種植樹木的位置。

如果不太確定哪裡是最適合的位置，可以先將小樹移植到大一點的花盆，並根據季節變化來移動。最終應該會找到一個永久的種植地點，同時可以開始期盼這株樹帶來茂盛的果實。不過，如果沒有種在地面上，樹成長後的尺寸會受到限制。

注意：如果你將樹種在院子裡，那要做好心理準備，也許有天會有訪客很客氣地跟你要一些樹枝，就大方地贈送吧。

D

E

F

到makezine.com/go/cloning-the-fig分享你的複製成果。

Getting Started with
littleBits

開始玩電子積木 LITTLEBITS
Maker Media的新書將帶領你進入多樣化的磁性零件生態系統。
文：艾雅·貝蒂爾與麥特·理查森　譯：張婉秦

Hep Svadja

有了littleBits，任何人，不論年紀，都可以學習電子學動力、微處理器，以及雲端應用。你可以組合這些磁力積木來製作簡單的電子電路板、打造機器人，甚至可以利用感測器與Arduino相容的微處理器製作互動式的作品。

想要了解如何使用電子積木，沒有比直接動手操作更快的方法。這邊有幾個基本概念：如何積木的電源、積木的連結，以及幾種輸入輸出的模組，可以當作專題零件的參考。

積木（BITS）

雖然在littleBits的程式庫中有超過60個不一樣的模組（或是積木）可以選擇，但是不過所有模組可以分成四大類，每一類都有特別顏色以方便搜尋和辨識。而且程式庫裡的每個積木都可以互相連接、無限擴充。

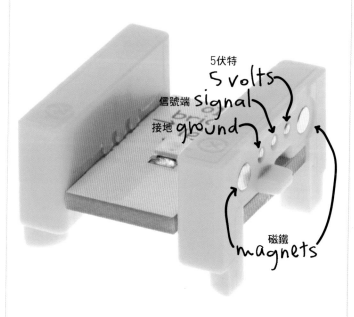

5伏特
5 volts
信號端 signal
接地 ground
磁鐵
magnets

BITSNAP 連接器

每個積木是利用bitSnap連接器的磁力互相結合在一起。這個獨特的零件能協助你輕易地建立物理和電力連結，這樣一來你就可以專心製作作品，不需要擔心焊接，或是時時刻刻注意自己是否連接上正確的電線。

在每個連接器的末端，你會看到有五個金屬墊片。最外端的兩個墊片其實是磁鐵，將積木結合在一起。內側三個墊片則是電器端子。中間的是信號端，讓積木間能互相溝通。信號是0到5伏特，0伏特是OFF的信號，5伏特則是ON的信號。

信號終端的伏特數會影響輸出端積木的執行。例如，愈大伏特從信號端輸入LED積木，LED就會愈來愈亮。輸入端的積木能變動信號端的伏特數，進而影響積木之後的運作。

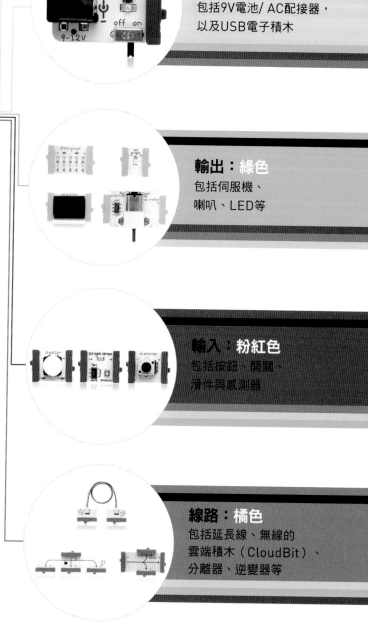

電源：藍色
包括9V電池/ AC配接器，以及USB電子積木

輸出：綠色
包括伺服機、喇叭、LED等

輸入：粉紅色
包括按鈕、開關、滑件與感測器

線路：橘色
包括延長線、無線的雲端積木（CloudBit）、分離器、逆變器等

艾雅·貝蒂爾
Ayah Bdeir
littleBits的創辦人兼執行長。她本人也是位工程師、互動裝置藝術家、開放硬體高峰會（Open Hardware Summit）的共同創辦人，同時也是TED資深研究員以及麻省理工學院媒體實驗室（MIT Media Lab）校友。

麥特·理查森
Matt Richardson
居住在舊金山的創意技師、《Getting Started with Raspberry Pi》的作者之一。另外著有《Getting Started with BeagleBone》以及《Getting Started with Intel Galileo》（Maker Media均有販售）。

littleBits

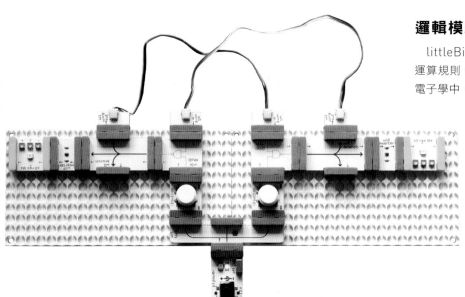

邏輯模組（LOGIC BIT）

　　littleBits的邏輯模組能夠協助使用者建立一些運算規則，使用者可以藉此製作更複雜的電路。在電子學中，這些零件被稱作「邏輯閘」。

　　當你有了多重輸入端，不過只有一個輸出端，這應該怎麼做呢？這時候就是邏輯模組發揮作用的時刻。邏輯模組只在數位的世界運作，只有on跟off。最重要的地方是你可以控制兩個不一樣的輸出端，將它們連結到同一個邏輯模組，然後再將連結另一個輸出端。

底部

INVERTER

逆變器（inverter）是有線模組中最簡單的其中一種，而且非常好用。有時候當你想要轉變輸出端的積木：像是當它接收 ON 的信號，可是要輸出 OFF 的信號，反過來也是一樣。這就是逆變器積木的作用，它能將輸入轉變成相反的輸出。

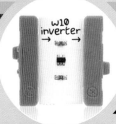

DOUBLE AND

用 double AND 積木時，兩個輸入信號都必須是 ON 才能輸出一個 ON 的訊號。

輸入1	輸入2	Double AND輸出
OFF	OFF	OFF
ON	ON	ON
OFF	ON	OFF
ON	OFF	OFF

DOUBLE OR

使用 double OR 時，只要有一個輸入端是 ON，那麼輸出端就一定是 ON。有一點很重要，需要注意的是，當兩個輸入端都是 ON，用 double OR 後，只會輸出一個 ON 的訊號。當你想要有兩種可能的方式讓使用者可以跟你的作品互動，double OR 就很有用。

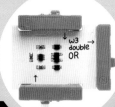

NAND

NAND 代表「NOT AND」。它並不完全是 double AND 的相反。當兩個輸入都是 ON，它會輸出 OFF。不過在其他狀況，它都是輸出 ON。

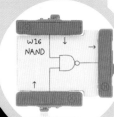

輸入1	輸入2	Double OR輸出
OFF	OFF	OFF
ON	ON	ON
OFF	ON	ON
ON	OFF	ON

輸入1	輸入2	NAND輸出
OFF	OFF	ON
ON	ON	OFF
OFF	ON	ON
ON	OFF	ON

NOR

你可能有猜到，NOR 積木的作用跟 Double OR 積木相反。換句話說，當兩個輸入端是 OFF，那麼 NOR 積木會輸出一個 ON 的訊號。而在其他狀況下，它會的輸出端都是 OFF。

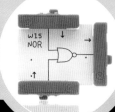

XOR

XOR 積木代表是的「eXclusive OR」。如果有任一個輸入是 ON，那 XOR 積木會輸出 ON。但是如果兩個輸入都是 ON，它就會輸出 OFF；而如果兩個輸入都是 OFF，它也是輸出 OFF。簡而言之，當它接受到兩個輸入端不一樣的訊號時，它只會輸出 ON。

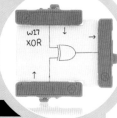

輸入1	輸入2	NOR輸出
OFF	OFF	ON
ON	ON	OFF
OFF	ON	OFF
ON	OFF	OFF

輸入1	輸入2	XOR輸出
OFF	OFF	OFF
ON	ON	OFF
OFF	ON	ON
ON	OFF	ON

無線與雲端通訊

藉由無線接收器與發射器模組，不需要線路也可以傳送信號。如果再加上雲端積木（cloudBit），你還能將專題連接上Wi-Fi網路，經由網路進行無線存取。如果你有一組雲端積木，就可以設定經由網路傳送信號，然後將專題散播到全世界。

無線發射器與接收器

利用無線發射器與接收器模組積木不需要緊貼在一起也可以順利執行、相互作用。發射器可以直接將進來的訊號傳送給接收器，不需要無線網路，也不需要任何設定，可以即插即玩，非常方便。

使用無線積木，你可以為機器人或汽車製作一個遙控裝置、創造一個無線的門鎖，或是在客廳設置警報器，只要後門開啟的時候就會通知你。

當你按下電路板上的按鈕，就會啟動另一邊的輸出端。試看看距離多遠還能夠用按鈕啟動輸出端。無線積木的使用範圍約100英尺，即使在隔壁房間，應該都還能作用。不過距離遠近還是會有影響，因為有很多因素會影響它的表現。

雲端積木（CLOUDBIT）

雲端積木不只能在電子積木相互間執行遠距傳播，它也能藉由IFTTT（ifttt.com）連接大多數的網路服務。它開放的API也為進階開發人員帶來無限開發的可能性。

雲端積木的運作是藉由你的Wi-Fi網路連結上網際網路。經由網際網路，它與電子積木雲端控制伺服器（littleBits Cloud Control server）建立連結，伺服器接收雲端積木所收到bitSnap連結器傳來的輸入信號，然後傳送信號到輸出的bitSnap連結器。電子積木雲端控制伺服器能將你的雲端積木連結到其他雲端積木、IFTTT，並用API連結到你自己的網路伺服器。

更進一步：製作自己的積木

現在的littleBits已經有龐大的程式庫供使用者自由使用，但是仍然有一些其他工具可以協助你製作自己的積木。經由BitLab計劃以及硬體開發套件（HDK），你甚至可以銷售自己的作品。硬體開發套件包含了原型模組、perf板，以及bitSnap來打造自己的電路板，然後把它加入個人的程式庫——或許還能成為littleBits官方產品目錄的一份子。 ◗

Maker Media的《littleBits新手入門》（Getting Started with littleBits）於今年4月出版。

Charles Goodyear and the
Vulcanization of Rubber

文：威廉・葛斯泰勒
譯：張婉秦

查理・固特異與橡膠硫化
認識靴子、橡皮圈和汽車輪胎的製作原理。

時間：
一個下午
成本：
10美元以下

材料

» Pliatex 橡膠模具：Pliatex 是
一種合成、部分硫化的天然橡膠
乳膠產品。工藝品商店跟網路上
都有販售。（sculpturehouse.
com/s-278-mold-
makingmaterials.aspx）
» 白醋
» 水
» 食用色素（非必要）

工具

» 碗（2）
» 量匙
» 攪拌棒
» 糖果模具

威廉・葛斯泰勒
William Gurstelle
是《Make》雜誌的特約
編輯。他的新書《守衛
你的城堡：打造投石器、
十字弓、護城河以及更
多》（Defending Your
Castle: Build Catapults,
Crossbows, Moats and
More）現正發行。

在19世紀發明創造
的黃金時期中，查理
・固特異（Charles
Goodyear）也許是
最頑強、最不屈不撓
的獨立發明家。他的
生活非常有趣，像個
瘋狂的雲霄飛車一樣
上上下下，不過很不
幸的是，大部分的時
間都是在谷底。

固特異並不富裕，
也未獲得極大的成
功。很多人以為他創
立了大企業固特異輪胎橡膠公司，不過他沒有在
裡頭工作過，甚至不知道有這間公司。這家公

司成立於西元1898年，約是在固特異去世40年
後，為紀念他而命名。

橡膠早期的發展

西元1820年的冬天，一股橡膠熱橫掃美國，
數以百萬的人穿著橡膠塗層的靴子保持雙腳乾
燥。但這陣股熱潮消失的速度就興起的時候一樣
突然，因為消費者發現只要碰到夏天的高溫，他
們的橡膠靴子馬上變成軟塊碎片。其實天然的橡
膠服飾並不耐用，也不實用。

查理・固特異就在那個時候進入市場。固特
異思考，如果他可以想出一種化學方式來強化橡
膠，大家就有可能會來買他的產品。雖然他對化
學、工程，或是經商一竅不通，但是他堅韌、頑
強，就像他想要研發出來的物質一樣。

他首先用乳膠試驗，混和了金縷梅、氧化鎂，

甚至奶油乳酪，嘗試要將黏稠、軟滑的乳膠轉變成耐用、堅硬的橡膠，可是都沒有成功。有好幾次他差點就要成功了，但是無法發展出能將橡膠轉化成實用原料的有效配方。

他一直嘗試，甚至花光所有的積蓄，只好去借錢。他把借來的錢花完後，又去借更多的錢。最後，他的家庭整個破產，只好依靠朋友的援助過活，日子過得非常艱難。

幸運的意外

之後，一個意外改變了所有的情況。在西元1839年寒冷的冬天，固特異不經意地帶回經過硫磺處理並放在火爐旁的一片橡膠。這位發明家驚訝地發現，這個黏稠又脆弱的合成物不再一樣了。

固特異的橡膠片能做到天然乳膠無法達成的部分。以現代的術語來說，它已經被硫化（vulcanized）了。在高溫下，它仍然堅硬耐用，而在低溫下也能保持彈性，固特異看到了這個產品的發展性。直到西元1841年的冬天，所有事情才逐漸好轉。固特異新的處理方式是個驚人的成功，金錢也開始流入。

但令人扼腕的是，固特異並不是一個有商業頭腦的人才。他在西元1844年取得硫化處理程序的專利，不過收取的權利金過低，無法有可觀的收入。更糟糕的是，當侵權的人剽竊他的成果時，他所花的訴訟費卻大於從這些盜版商回收的賠償。

他的餘生都致力於實現夢想，努力成為身家百萬的橡膠製造商。固特異在1850年代，於倫敦跟巴黎的展會中呈現盛大的橡膠製品來宣傳，包括家具、地墊以及珠寶。但是在法國的時候，他的法國專利被取消，權利金也因此收不到，只為他帶來無法償還的債務，固特異也因此被關進債務人監獄。

西元1860年，查理·固特異去世時還負債20萬美元。在他過世之後，硫化製程的權利金才開始入帳，他的兒子查理二世之後因製鞋而致富。很可惜，最後老查理無法享受到自己的發明為家人所帶來的財富。

製作橡膠橡皮擦

你可以利用現代化的產品來製作自己的橡膠製品，藉此重現硫化的過程。這裡教你製作一些眼熟的造型橡皮擦，《星際迷航記》的史巴克應該會愛不釋手。

William Gurstelle

1. 計算模具的大小，再來決定Pliatex、水和醋的用量。每塊橡皮擦需要模具兩倍份量的液體原料才足夠，因為固化後的橡膠所佔的空間相對比液體少。

2. 在碗裡面融合等量的水跟Pliatex，攪拌直到柔順（圖 **A**）。如果想要變化顏色，可以在完成品中加入食用色素。

3. 在另一個碗中加入跟水一樣多的醋。

4. 將Pliatex跟水的混和物加入放醋的碗中（圖 **B**）。稍稍攪拌，直到液體凝固成像乳酪一樣軟軟的塊狀。

5. 迅速地將橡膠流體倒入橡皮擦的模具中，並用力按壓（圖 **C**）。把表面的水倒掉，再次用力按壓，直到所有模具產生的水份被完全倒掉。

6. 接下來只要靜置模具中的橡膠，它就會變成更加堅固、強韌的橡皮擦。

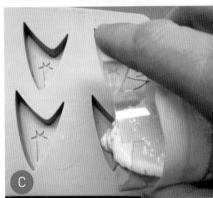

7. 如果想要稍軟、較有彈性的橡皮擦，就把模具跟橡皮擦化合物放進300°F的烤爐中，適模具的尺寸烘烤約10～15分鐘（圖 **D**）。

移除模具、等待乾燥（圖 **E**），然後就完成了！。

從化學的角度來解釋：Pliatex是被部分硫化的乳膠橡膠合成物，稱為聚異戊二烯。除非置於鹼性的環境中，否則它可以自然地固化和硬化。所以儲藏的時候，製造商會加入氨水（阿摩尼亞）提高pH值。因此你打開蓋子的時候，會有阿摩尼亞的味道撲鼻而來。

當你在溶劑中加入醋，乳膠中大量的聚合物分子被釋出，完成硫化的過程，形成堅硬的橡膠塊。

生活中有哪些常見硫化橡膠呢？到makezine.com/go/vulcanized-rubber分享你的想法。

+ Maker Shed 橡皮圈動力套組
（makershed.com）

Bandit 橡皮圈警長獵槍套組

Cyclone 旋風式真空吸塵器套組

SKILL BUILDER

EASY UNDERSTANDING

BASIC WOODWORKING TOOLS

熟悉基本木工工具

有了這十種簡單的手作工具，
幾乎什麼都能製作。 文：連恩‧庫倫 譯：Karine

連恩‧庫倫
Len Cullum

是名木工職人，現居西雅
圖，擅長日式庭園風的建築
和細節處理。做木工之餘，
他在普拉特藝術中心
（Pratt Fine Arts Center）
開課，亦從事寫作，並且企
盼磨鑿刀機器人的出現。

我 將重點介紹我心中6種基本的木工手作工具，加上我常用的4種量測工具。有了這
些基礎工具之後，幾乎什麼都做得出來。請記得，並非人人都適合拿同一種工具。
我愛用的鐵鎚可能會害你手腕痠痛，我最愛的鋸子對你來說可能會不太順手。大膽
嘗試各種工具和技巧，找到最適合自己、用起來也最順手的工具和方法。

鐵鎚

接於柄端的大金屬塊，其力量不容小覷。這可能是木工書籍中所出現最古老的工具。猶記得剛開始接觸木工時，我曾看過一張照片，裡頭全是某人所收藏的鐵鎚，多達數百種，並且佔據了一整屋的空間。我當時無法想像自己會需要第二支鐵槌，但是現在完全可以理解了。

我在寫這篇文章時，目光所及之處就有9支鐵槌。種類皆不同，不過使用頻率差不多高。下圖的鐵鎚無疑是我的最愛，這支日式木工鎚重375公克，其中一面是平的，用來釘釘子，另一面則是微凸，用來敲擊已沉入木面的釘子。我做什麼都會用到它，像是敲打鑿刀、調整平面角度、嵌合榫接或是罐頭封蓋等。這是我認為最好用的鐵鎚，重量恰到好處，其平衡也很不錯。

如果你需要釘很多釘子，使用拔釘鎚可能會更合適。我個人會直接選擇多加一支小撬棒。

鑿刀

鑿刀用途廣，可劈斷、刨削或精雕木頭。雖然很多人拿它來開漆罐，轉螺釘，或者當作撬棒使用，不過我並不建議這麼做。說真的，用螺絲起子就好，螺絲起子能被派上用場會很開心的。雖然鑿刀的尺寸和種類眾多，多數人只要擁有四種就夠了：¼"、½"、¾"和1"的標準型鉗工鑿。

無論哪種鑿刀，通常都必須打磨之後才能上場，不太能直接使用。鋒利的鑿刀功能更強，使用上也更順手，只要用過鋒利的鑿刀，就會知道差別在哪裡了。下圖是一種紋理豐富的鑿刀，稱作厚鑿刀（atsu-nomi），用來裁切大尺寸的木材接點。這是鐵匠大師五百藏（Iyoroi）幫我做的工具組的其中一員，也可說是我的最愛。

手鉋

有史以來，手鉋多半（但非僅僅）被用來鉋平或調整粗木板厚度（稱作切削）。現今粗木若依尺寸規格切割，多半是使用機器來完成，但不代表手鉋已無用武之地。它仍是極度好用的工具，木工職人都應備有一支。

同樣的木作作業，磨砂機要花上一小時，調好的手鉋卻只消幾分鐘。而且施作時不會造成大量粉塵，僅僅是削出一堆堆的木屑，工作起來心曠神怡。若只能購入一款手鉋，我會選擇低角度的橫紋鉋，如下圖所示。其用途廣泛，從修邊、加工成形到最後的細部拋光都行。它和鑿刀一樣，工具箱中取出後不一定能直接使用，每次使用前都得將其磨利。

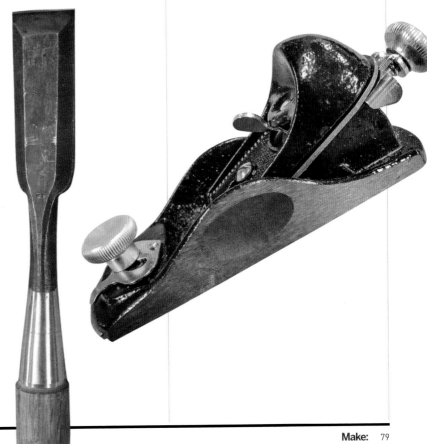

拔釘鎚的使用建議：
若只是想稍微調整鐵釘的方向，拔釘爪會比鎚面方便施力，可以善加利用。

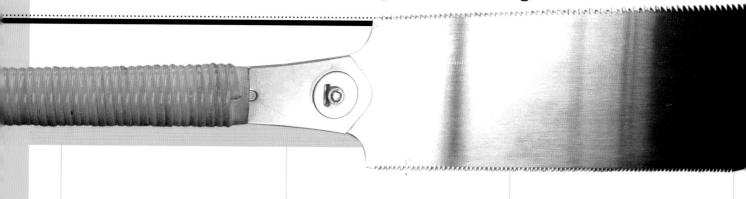

手鋸

如同手鉋，許多手鋸的用途已被機器取代。即便如此，手鋸仍然很有用處，也是木工職人的必備工具。切割木頭的專用手鋸有兩種：解鋸和橫割鋸。

解鋸適合用來順著木紋方向切割，一般鋸齒較大，分佈較稀疏。橫割鋸恰如其名，適合用來橫著木紋切割，一般鋸齒較小，分佈較密集，才有辦法切斷木紋，並留下乾淨俐落的裁切邊。

市面上雖有一般用途和多用途的手鋸，但多半容易導致鋸過頭，不太能精工施作。我的手鋸是用日式兩刃鋸（ryoba nokogiri），如上圖所示。其雙刃一側是解鋸齒，另一側是橫割鋸齒，而且和西式手鋸有所異，屬拉鋸。以前日式手鋸較難取得，不過現在都能在家居用品店購得。

夾鉗

若沒有夾鉗，幾乎前述的所有工具都會變得難以使用。在最後組裝時，夾鉗可以將零件固定在一起；施工之時，它們可以將零件維持在特定位置，實在是無可取代。沒什麼比施作的時候，木材還滑來滑去更惱人的了。擁有兩只夾鉗是基本，多數木工職人都曾領教過「夾鉗永遠不嫌多」這句箴言的真諦。建議至少入手兩支24"F型夾鉗（下圖），四支甚至八支以上尤佳……。

打樣設計工具

精準的打樣設計是成功的第一步。沒有準確的重複性標記，很難將所有東西拼湊在一起。因此我將介紹幾款基本工具，可用於量測、標記和描邊。我幾乎每回都會用到的三大（其實是四大）工具，有捲尺、高品質的12"組合角尺、一支.005針筆和一把4"組合角尺以進行較精細的作業。

長度測量

三種在木作材料行中最常見的量測用具分別是捲尺、摺尺和鋼尺，三者各有優缺點。但是工具的選擇上都一樣，找出最適合你的風格、邏輯及施作方式的工具。

我們所熟悉的捲尺，其彈簧鋼片捲入小小的外殼中，捲動速度快，可量測的距離很長，是超大摺尺才有辦法測量的長度。缺點是尺頭鉤可能會造成量測上的誤差。捲尺是新品時，被鉚釘扣住的尺頭鉤仍保有恰好的滑動幅度，因此尺頭鉤的厚度不成問題：測量物體內部時，尺頭鉤往內壓，服貼內側；測量外部時，尺頭鉤則完全被往外拉，此時測量結果是準確的。這樣的模式可持續好一陣子，但隨著時間過去，尺頭鉤的孔和鉚釘因磨損而愈來愈鬆，尺頭鉤甚至有可能因捲尺摔落而折彎。很多木工職人會以「燒毀一英吋」做為解救方案，也就是測量時省略尺頭鉤，

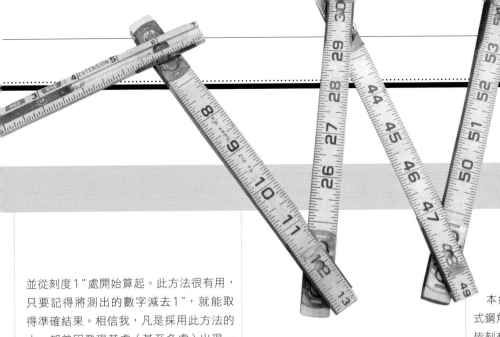

並從刻度1"處開始算起。此方法很有用，只要記得將測出的數字減去1"，就能取得準確結果。相信我，凡是採用此方法的人，都曾因發現某處（甚至多處）出現一英吋的落差而冷汗直流，所以記得保持清醒。捲尺的款式必須依木作內容來決定。如果你大多會使用的材料長度都少於12英呎，那麼切勿購買25英呎的捲尺。那後面的13英呎不僅將永不見天日，那多出的重量還會使捲尺顯得笨重。

摺尺（上圖）末端的金屬鉤是鎖死的，沒有尺頭鉤的問題，所以使用上完全不需要擔心，只要頂著物體測量就可以了。摺尺末段裡頭還嵌入了很棒的小尺，可用來測量物體深度及其內部長度。缺點是，由於木尺本身的厚度，測量時必須緊貼著邊緣，測量結果才會準確，另外它摺疊的方式會形成梯狀，量測長距離時不太好用。

鋼尺（左頁）的優點結合了摺尺的準確度，以及捲尺的輕便性，但其限制顯而易見。如果用於小型製作就非常方便，不過一旦超過刻度6"，就得從前述兩種尺擇一使用。

值得一提的還有樓層測量桿／棒，一般都是使用者在一根長木棒上自行劃上刻度，再進行單位換算。其所得結果更可靠，因為刻度標記明確，也變簡單了。樓層測量桿非常適用於大型木作多重組件（像是廚房或圖書館）的量測，或是將多處換算成相同單位時。它有助於排除掉量測上的失誤。

角尺

打樣時，角尺的主要作用是在邊上畫出與其垂直90°的線條。同樣地，角尺也分成不同種類，其差異在於其他功能的不同。我個人覺得組合角尺（右圖）最好用。它不僅提供90°以及45°的基準，還能在不同構件間做單位轉換，尋找木板中心點，並能確認物體深度，以挑選適當施作工具。很難想像做木工的時候沒有它會怎麼樣。購買時儘量砸錢下去，買預算內最好的款式，一分錢一分貨，沒人會想買到尺片鬆掉、角不成形或容易卡住的組合角尺。

三角尺也很方便，但較適合大型木作。我發現它的刻度較深，畫出來的線條呈現不連續的鋸齒狀，所以多用於較粗略的打樣和標記。

日式鋼角尺（sashigane）是日本細木作的標準用角尺，外表就像西式鋼角尺，但尺片更薄、更有彈性。兩者皆刻有間距不尋常的神祕刻度，若使用得當，應該有助於複雜榫接的丈量與打樣。不過我對這些刻度的使用方式仍毫無頭緒，因此派不上用場。✦

蘭科倫的簡易木作專題

鋸木架
運用簡單的榫卯技術，製作這些可以用上一輩子的美觀鋸木架。
makezine.com/go/workhorses

木製鹽皿
置於野餐籃中，優雅度更勝一般紙罐（《MAKE》Vol.14）。
www.makezine.com.tw/make2599131456/213

日式工具箱
可拆式蓋子設計很聰明。做大型作品時，我幾乎都會帶著這口堅固的木箱（《MAKE》Vol.10）。
makezine.com/go/japanese-toolbox

查理斯・普拉特
Charles Platt
著有電子入門書《圖解電子實驗專題製作》、續作《更多圖解電子實驗專題製作》（ Make: More Electronics ），以及《電子元件百科大全》（ Encyclopedia of Electronic Components ）第一、二冊。第三冊正在策劃中。makershed.com/platt。

EASY YOUR OBEDIENT SERVO

文：查理斯・普拉特
譯：屠建明

聽話的伺服機
把手機安裝在顯微鏡上，拍出驚人特寫。

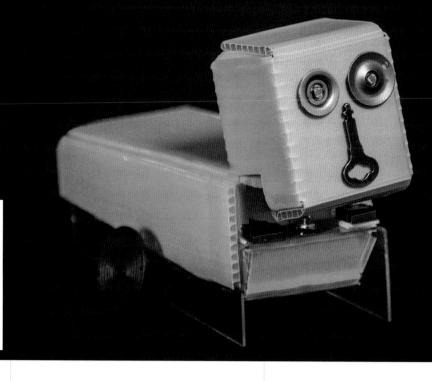

接上電池座後，四個1.5V電池可以提供4.5V和6V直流電的電源。

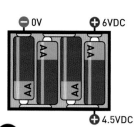

外接電線通常會接在第四個電池的底部。

市面上有許多小型機器推車套件，不過自己製作的成就感更高。你可以親身體驗各個元件的運作，自訂推車的性能，甚至創造完全屬於自己的設計。

這是個很適合當作機器人入門的專題，原理簡單，甚至不需要微控器。只需要三個計時器晶片就夠聰明，能對閃光燈做出轉向的反應，並在遇到障礙物時倒退。

伺服機歷史

伺服機是這臺推車的核心。原本用來移動模型飛機的襟翼或模型船的舵，可以轉動到指定的角度，並維持位置，等待進一步指示。

廠商有提供現成的裝置來控制伺服機，但很多自造者會用微控器來取代。如果只是下載一段Arduino程式碼，缺點是你不會瞭解其中的運作。最好的學習方法是在工作臺上測試自己的馬達，並用自己的硬體來驅動。

我在這個專題用的是SpringRC的SM-S4303R伺服機。價格相對便宜，還附有各種搭配轉軸的零件，包括適合的輪子。

你也可以用其他的伺服機，因為它們都可以讀取相同的程式碼。然而，針對這個專題，必須採用「連續旋轉」伺服機，也就是說轉軸會連續旋轉，而非轉到指定的位置就停下（型錄上不一定會把這個差別寫清楚，所以購買時要注意）。另外，務必要買所謂的「類比」伺服機，比「數位」型便宜，計時方面也比較不麻煩。

所有的伺服機都有三條線。紅線和黑線供應伺服機電源，而第三條不同顏色的線會傳送指令程式碼給伺服機。

伺服機一般使用4.5V直流電，而SMS4303R最高可使用6V直流電，但因為我們需要長時間運轉，而且有些人可能想改用自己的伺服機，所以我還是採用4.5V。

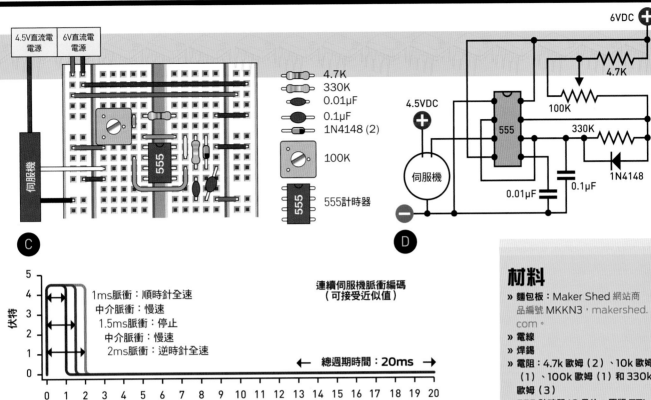

4.5V直流電電源　6V直流電電源

4.7K
330K
0.01μF
0.1μF
1N4148 (2)
100K
555計時器

C

6VDC ⊕

4.7K
100K
330K
1N4148
4.5VDC ⊕
伺服機
555
⊖
0.01μF 0.1μF

D

E

1ms脈衝：順時針全速
中介脈衝：慢速
1.5ms脈衝：停止
中介脈衝：慢速
2ms脈衝：逆時針全速

連續伺服機脈衝編碼
（可接受近似值）

←　總週期時間：20ms　→

伏特 / 毫秒

圖C：用555計時器在工作臺測試伺服機時，可以利用可變電阻控制速度和旋轉方向。

圖D：工作臺測試電路圖。

圖E：三個重疊的曲線顯示伺服機所理解的控制脈衝範圍。

伺服機控制

控制伺服機的程式碼可以用單純的555計時來產生。我使用6V直流電來驅動555計時器，因為我希望用它的輸出來啟動5V繼電器。只需要一個電池座，就可以藉由共同的接地，同時提供4.5V和6V的電源（圖**A**）。如果要在電池座焊接電線（圖**B**），可能需要30W的烙鐵才有足夠的熱度。

這裡的測試電路有兩種呈現方式：麵包板（圖**C**）和電路圖（圖**D**）。轉動100k可變電阻時，伺服機會用不同的速度向前或向後旋轉。太好了！但它是如何運作的呢？

計時器會依可變電阻改變而產生一系列的脈衝，每個維持約一毫秒（ms）或以上。330k的電阻在每對脈衝之間產生18ms的間隔。對所有的連續伺服機而言，長度1ms的脈衝代表「順時針轉動」，2ms的脈衝代表「逆時針轉動」，而1.5ms則代表「停止」。介於中間的脈衝長度讓伺服機以較慢的速度轉動。請參考圖**E**

說明。

高脈衝和下一個脈衝之間的間隔加起來的總週期應該永遠為20ms，但555的電路不是這麼運作的。加長高脈衝長度時，脈衝的間隔維持不變，所以總週期時間增加了。這個問題要怎麼解決呢？

很幸運地，我們不用解決。很少人知道伺服機不需要精確的輸入。馬達不會在乎週期太短或太長，脈衝少於1ms或多於2ms也沒關係。因此，便宜的555計時器控制伺服機跟較貴的微控器，效果一樣好。

推車控制

假設我們有個由伺服機驅動的兩輪推車（這是平價機器人常見的配置），而且一個輪子一個伺服機。當一個輪子轉比另一個快，推車就能轉向。當兩輪用相反方向轉動，推車就會軸轉。如果把測試電路中的100k可變電阻換成25k可變電阻，並和光敏電阻串聯，就可以用手電筒遙控

材料

» **麵包板**：Maker Shed 網站商品編號 MKKN3，makershed.com。
» **電線**
» **焊錫**
» **電阻**：4.7k 歐姆（2）、10k 歐姆（1）、100k 歐姆（1）和 330k 歐姆（3）
» **555 計時器 IC 晶片**：原版 TTL型（3）
» **可變電阻**：25k 歐姆或 20k 歐姆（2）、100k 歐姆（1）
» **電容**：0.01μF（3）、0.1μF（2）和 10μF（1）
» **二極體**：1N4148（2）和 1N4001（1）
» **繼電器**：雙極雙擲，5VDC，任何品牌皆可。
» **光敏電阻**，最低電阻 1k 歐姆（2）。Jameco Electronics 的 Silonex NSL4140 或相似者。
» **開關**：超小型，雙極雙擲。
» **快動開關（2）**：亦稱為微動開關，含驅動桿，Honeywell 網站商品編號 ZM50E10E01 或相似者。
» **電池座**：4×AA。
» **AA 鹼性電池（4）**
» **連續旋轉伺服機（2）**：Maker Shed 網站商品編號 MKPX18、SpringRC 網站商品編號 SM-S4303R 或任何一般連續類比伺服機。
» **伺服機用輪**：直徑1"以上（2）（若馬達未附）
» **ABS 塑膠**，1/8"×12"×12"：用熱風槍彎曲，或以 1/4 合板取代。
» **螺栓 #3×5/8"**（12），附螺帽
» **雙面膠**

工具

» 萬用電表
» 烙鐵

尋找光電池

硫化鎘光敏電阻又稱為光電池，現在已經較不常見。你需要的是在強光下最低電阻為 1k 或更低的光敏電阻。Jameco Electronics 的 Silonex NSL4140 就很好用，但如果使用的是最低電阻比較高的光敏電阻（一般為 4k），則可以忽略電路圖中的 4.7k 串聯電阻。

可以利用 25k 的可變電阻微調光敏電阻的反應。請注意光敏電阻沒有極性。

為什麼不使用更容易取得的光電晶體呢？因為它們對光線變化的反應沒有那麼靈敏、即時。

你可以在圖 F 的基礎電路中試用光電晶體看看，不過我認為它會給推車「一不做二不休」的反應。

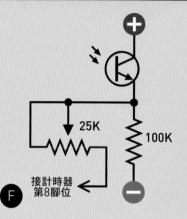

圖 F：這裡的 100k 電阻可以用光電晶體替代每個光敏電阻。伺服機控制可能會變得較不順暢。較短的接線連接到電源正極。

推車。如果它撞到東西，快動開關就可以做為我們便宜又簡單的碰撞感應器，以單發模式觸發第三個計時器。如此會把繼電器關閉數秒鐘，繞過光敏電阻，並迫使推車從障礙物倒退。

圖 G 是完整電路圖如；圖 H 則是麵包板配置在。

製作

這是一臺簡易的推車，所以我就不刻意美化外觀了。圖 I 是以 ABS 塑膠開始的製作步驟；圖

> **警告：**
> 請務必在繼電器安裝 1N4001 防護二極體來壓制電壓突波。你的繼電器針腳輸出可能和這裡不同，請檢查繼電器規格表來辨識通電時關閉的接點配對。

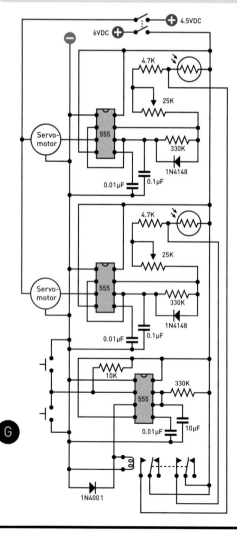

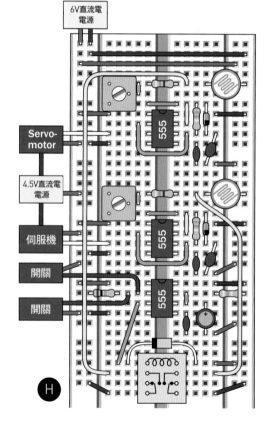

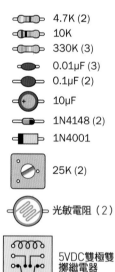

- 4.7K (2)
- 10K
- 330K (3)
- 0.01μF (3)
- 0.1μF (2)
- 10μF
- 1N4148 (2)
- 1N4001
- 25K (2)
- 光敏電阻（2）
- 5VDC雙極雙擲繼電器
- 555計時器 (3)

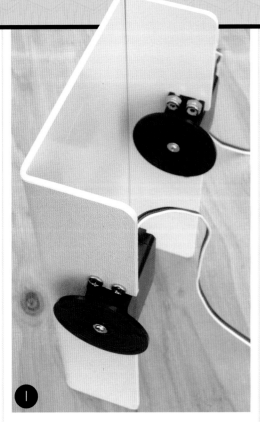

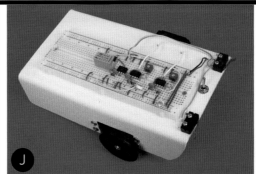

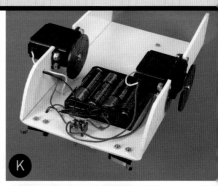

圖 I：每個伺服機都栓入骨架中的凹口。輪子是這個專題推薦的伺服機隨附的。

圖 J：簡易的推車完工登場。安裝在前方的快動開關可以偵測障礙物。

圖 K：電池組以雙面膠固定，同時放置在施加最多重量在輪子上的位置。

圖 J 和圖 K 則是推車成品。注意伺服機要面對同一個方向，因為它們要往同一個方向旋轉。雙面膠用來把電池組固定在骨架下方。雙極雙擲開關控制電源，分別控制 4.5V 和 6V 電路。

試著把大部分重量放在輪子上，藉此保持平衡，讓尾部能輕鬆在地板上滑動。

測試

在昏暗的房間啟動推車。如果它倒退，就是環境光線太亮。如果沒有直線前進，就調整可變電阻。接著用手電筒照它，這時應該會停止並倒退。如果把光電池調整到不同角度，可以只照亮其中一個，讓推車轉彎。這在平滑、堅硬的地板效果最好，因為可以讓尾部來回滑動。

升級

如果要提升推車速度，可以製作更大的輪子。如果要讓它倒退時自動轉向，加裝一個可以在有限範圍做為支點的尾輪，這點可以參考《圖解電子實驗專題製作》中一個較簡單的推車專題，其中有詳盡的作法。

如果要製造神祕感，可以使用和手持遙控器的紅外線 LED 對應的紅外線光敏電阻，接著就可以偷偷用紅外線發射器控制車子，同時對車子喊出語言指令來唬弄朋友。◢

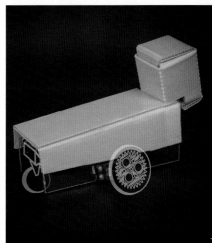

TOOLBOX

好用的工具、配備、書籍以及新科技。
告訴我們你的喜好 *editor@makezine.com.tw*

譯：屠建明

DJI Inspire 1

2,900美元： dji.com

DJI Inspire 1是該公司熱賣的Phantom四軸飛行器的升級版，最明顯的是它的外型，在可活動的碳纖維骨架上加裝了懾人的白色機身。在起飛和降落時，馬達支架會轉向朝下，做為起落架，而飛行中會自動上拉成V型，離開視線之外也降低飛行器的重心。

Inspire 1擁有大型13"螺旋槳，搭配強大的無刷馬達。易安裝（pop-in-place）電池提供22伏特的電源，比多數的無線電動工具還高。朝下感測器以光學追蹤地形，幫助飛行器在空中維持固定位置（在無法連線GPS的室內尤其好用），也讓飛行器能夠自動平穩降落和起飛。安裝在底部的攝影機和環架可以進行4K影片和1200萬畫素靜態攝影，能在飛行中取得無阻礙的視野。內建Lightbridge無線傳輸功能，可以即時在裝有無線電的平板電腦上以高解析度觀看拍攝的影像。價格不便宜，不過它的飛行和攝影能力讓它成為所有專業空拍人士必備的飛行器。

——麥克．西尼西

BOSCH GLM 15
雷射測距儀

50 美元：**boschtools.com**

當我們搬遷到新的MAKE辦公室時，需要想辦法安排辦公桌的擺設。本著一顆熱心，我立刻說：「別擔心，我帶我的捲尺來，這樣就可以算出每個人有多少空間。」我帶6'捲尺過去的時候，被大家笑得無地自容。

現在我不怕了，因為我最近發現了Bosch GLM 15雷射測距儀，單手就能測量最遠50'的距離，精確度達 $1/8$"。我有很多需要測量牆面的專題，有了雷射測距儀就不需要另一個人幫我拉捲尺的另一端了（特別適合單打獨鬥的Maker）。其他的優點還有連續測量模式，可以讓你邊走邊測量和牆面或其他表面的距離。而且它的方型設計輕便，可以放在平坦表面來取得精確距離。

像我一樣在錢包或口袋裡放一個吧，因為你隨時可能需要測量路燈有多高（28'6"）或在停車場上可以測量旁邊那個笨蛋駕駛留給你的縫有多小，然後寫在紙條上：「只有13"，混蛋。」

——莘蒂・拉姆

訣竅：GLM 15也適合在找房子的時候用來測量房間大小。它可以放在口袋裡，使用的時候也沒捲尺那麼顯眼。

——SD

FACOM懸臂工具箱

115美元（大型）：

ultimategarage.com

在擺設工具箱時，你大概會把所有工具直接倒進去，對吧？這樣之後要在一團亂裡面找到比較小的手動工具會很麻煩。

解決方法：多層、懸臂式工具箱。在我擁有的幾個懸臂工具箱裡，Facom的工具箱是最棒的，堅固、耐用、容易開啟，還提供幾種內部整理的選擇。Facom的金屬懸臂工具箱有各種尺寸，但最大的22"長的版本應該是最好用的。每款在每一邊都有兩個展開的隔層，以及下拉式把手，幫助開啟和關閉工具箱。你可以得到兩方面的最大優勢：更容易整理小型工具，也有大型工具的存放空間。

——史都華・德治

Stanley萬用棘輪螺絲起子

6美元：

stanleytools.com

如果你在找短小輕薄又好用的棘輪螺絲起子組來開工，Stanley出品的棘輪螺絲起子絕對值得考慮。

用不到10美元的價錢，就可以買到這款放得進小型工具箱的寬把手螺絲起子。雖然綜合工具可能就包含螺絲起子，但多數會把起子頭放置在偏心位置，而且很快會讓手腕疲勞。這款螺絲起子採用棘輪功能，可以像機車油門一樣轉動，使用上更為舒適，也有助於快速鑽入長型的螺絲。

它的把手可以放置六個起子頭，外加正在使用的一個。這組產品附有十字和一字起子，但我把其中幾個換成六角形起子頭。

簡而言之，萬用棘輪螺絲起子是輕便、好用的入門工具，附加價值也高。我手頭上這一把已經使用好幾年了。

——山姆・費里曼

Dremel 3000系列 旋轉工具

60到80美元，
視套件內容而定

dremel.com

我用Dremel旋轉工具製作模型和專題已經有20年了，而且一直覺得它們好用又可靠。Dremel 3000也不例外，我最近才用它們來移除3D列印成品的支撐材料，效果果然沒有讓我失望。有一些功能甚至和我的第一臺Dremel相同，包括強制聯鎖筒夾裝置、方便的拇指操作按鈕，和可以精確調整的速度旋鈕。新特色包含舒適的人體工學造型、和工具相連的筒夾扳手，以及附有刻度切割輔助工具。

Dremel 3000還附有綜合配件，包含磨石、筒形砂磨機、拋光磨頭和研磨劑，以及其他工具，都放在好用的箱子裡。為了好玩，我用隨附的切割輪來切割一些鋼條，發現它很有效率。使用手冊中有一些實用資訊，例如保養技巧和各種用途的建議轉速設定。

我的第一臺Dremel還在，即使我已經更換了幾次軸襯，現在的運作還是非常流暢。更換軸襯不難，因為工具其中一邊有兩個容易打開的軸襯蓋（這是另一個沿用下來的聰明設計）。Dremel 3000在模型製作、原型設計和電子元件工作上都會很好用，超級推薦給Maker。

——瑪蒂·瑪芬

無線宇航3D滑鼠

130美元：3dconnexion.com

無線宇航3D滑鼠是3Dconnexion的產品之一。對時常需要處理3D檔案的人而言，是絕佳的工具。雖然CAD的新手可能會覺得所費不貲，但對願意付錢的人而言，它可以明顯加速整個設計過程。每一側的觸控按鈕都可以和應用程式裡的功能對應（支援多種軟體）。

鼠如其名，它是無線的，而且充電電池壽命比我的使用時間還長（好幾週）。唯一讓我覺得可惜的是它沒有更多的按鈕，如果有的話，我就更不用依靠鍵盤了。想要更多按鈕的話，可以參考3Dconnexion進階版的機型，不過價格也更進階就是了。

我這幾年應該都會一直用這款滑鼠，而且願意持續推薦它或較高價位的款式給任何想要提升速度的3D設計師。

——艾瑞克·偉恩哈佛

3Dconnexion

Spark Photon
硬體開發板
19美元：spark.io

Spark新推出一款Wi-Fi連線的硬體開發板Photon。有了Photon802.11n的Wi-Fi連線能力、更大的記憶體和更快的ARM Cortex M3處理器，熱賣中的Spark Core開發板更是如虎添翼。透過新的SoftAP，設定Photon的Wi-Fi連線比以往更容易，而且可以在任何網路瀏覽器進行。跟Core一樣，Photon可以搭載在標準的麵包板上，讓你輕鬆進行原型設計。

——麥特‧理查森

聯發科LinkIt ONE與
Grove物聯網入門套件
119美元：labs.mediatek.com

數據是物聯網裝置的組成關鍵之一。當您通過移動網路或Wi-Fi將數據發送到雲端時，您必須確認該數據是安全的。一旦連上雲端，您一定會想知道該數據是否有足夠的可擴充儲存空間，以回應您和您客戶的需求。

現在，您能使用支援AWS雲端服務的聯發科LinkIt ONE與Grove物聯網入門套件來實現您的可穿戴式裝置與物聯網概念、打造原型、並將您的數據傳送至 AWS雲端服務。該套件包含多種用以蒐集資訊的Grove感測器，以及顯示器等用以可視化資料，讓您得以進行概念性驗證的周邊裝置。藉由安全的MQTT連接，不但可保障您使用AWS雲端服務的安全性，更有層層加密保護。除此之外，該套件使用了AWS雲端運算系統，讓您的企業受益於它的靈活性、可擴充性和方便的預付收費方式。

——編輯部

Nraspberry Pi 2
40美元：bit.ly/raspberrypi-2

Raspberry Pi 2的B型效能高、價格低。它的Broadcom四核心ARMv7處理器速度可達900mhz，RAM是先前Raspberry Pi型號的兩倍，達到1GB。這是Raspberry Pi愛好者和Maker所必備的開發板。它的價格和Raspberry Pi B+相同，但Raspberry Pi基金會的執行長艾本‧厄普頓（Eben Upton）表示這款新的Raspberry Pi速度可達至少六倍。在Maker Media實驗室測試的結果發現這款新的Raspberry Pi當作桌上型電腦來使用也有合理的效能：我們可以用它來分割STL檔案、瀏覽網路和使用GIMP（一款熱門的開放原始碼影像編輯工具），而且是同時執行。

——大衛‧謝爾德瑪

PRINTRBOT SIMPLE MAKER套件

文、照片：麥特・史多茲
譯：屠建明

低預算卻持續進化的印表機。

Printrbot Simple 2014 Maker套件

Printrbot.com

- 測試時價格：349美元
- 最大成型尺寸：100×100×100mm
- 成型平臺類型：鋁
- 溫度控制：有
- 材料：PLA及其他不需加熱列印臺之材料
- 離線列印：有，內建Micro SD卡插槽
- 機上控制：未隨附，但可加裝外接螢幕
- 主機軟體：建議使用Repetier Host及 Slic3r，亦可使用RepRap主機軟體
- 切層軟體：Slic3r亦可使用RepRap切層軟體
- 作業系統：Windows、OSX、Linux
- 開放軟體：第三方軟體
- 開放硬體：有

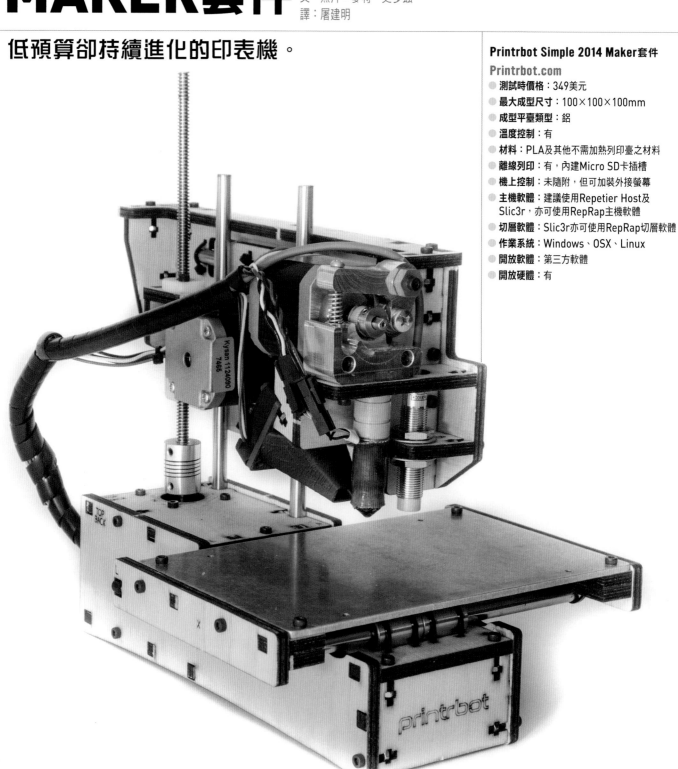

Printbot 於 2013 年 推 出 Simple，撼動了消費型 3D 印表機市場，以 299 美元的價格擊敗競爭者的低價點，更在 Kickstarter 掀起價格戰。為了節省成本，Printbot 研發出了幾種有趣的技術，它全部採用，不過並不是每一種都成功。平價的 Simple 列印品質好得讓人意外。Printbot 這次重新設計了 Simple，解決部份原本的問題，並且新增了一些功能，全面進化。

重新設計、重新命名

Printbot 在 2014 年末推出 Metal Simple 時，他們把木製版本重新命名為 Simple Maker 套件。新款的套件也有新價格，以 349 美元持續下探。整臺機器都重新設計過，不過主要有四大變革造成新舊版本的明顯差異：鋁製列印臺、鋁製噴頭、自動校平探針和傳動帶。前兩項是對先前型號的選用升級，主要作用是提升印表機的穩定性。它的鋁製列印臺不會像先前的合板列印臺一樣易受環境變化影響。此外，Printbot 鋁噴頭設計簡約、組裝容易、穩定性佳，現在已經成為眾廠爭相模仿的目標。

傳動帶和更好的成型平臺校平

Printbot 採用的成型平臺校平探針最早在 Metal Simple 系列產品登場，而現在正導入他們所有的機器中。許多校平探針需要和成型平臺表面接觸才能運作，不過 Printbot 的新系統採用了電感感應器。這種感應器可以精確測量由金屬列印臺造成的磁場變化。接著探針在列印臺表面進行多點測量，得知相對於列印頭的水平角度，以及列印臺與噴嘴的最佳距離。

這個系統解決了多數 3D 列印新手會遇到的兩大問題：列印臺校平和噴嘴高度。

原版的 Simple 以絃線做為傳動系統。這種系統是由 RepRap Tantillus 引進 3D 印表機，但是絃線驅動在 Simple 上一直無法順利運作，絃線會滑動或脫落，列印途中可能會有破壞列印成品的風險。Simple Maker 套件現在採用 GT2 傳動帶，這是其他印表機常用的確動皮帶。這種皮帶更容易正確繫緊，讓 Simple 運作順暢。

幾個小缺點

它仍然有一些問題。雖然對新手而言是很好用的機器，多數人很快就會覺得 4×4×4" 的成型空間不夠用。有一些方法可以升級、擴大成型空間，不過（我覺得）那些方法很怪又不實際。此外，這款機器似乎仍然有難以調整的狀況。有時候即使自動校平感應器正常運作，XY 軸可能會下降，導致列印成品的前方緊壓。最新的列印臺是固定的無法調整的，所以無法隨時進行故障排除。來自噴頭的熱傳導也可能導致列印品質低落和長時間列印時噴頭阻塞。

結論

整體而言，Simple Maker 套件是很棒的入門印表機，尤其是對預算上仍有限制的使用者而言。想要隨行攜帶印表機，或者常攜帶印表機列印樣品的使用者，這款機種也是不錯的選擇。雖然市面上已經買不到木製外殼的機器，不過 Printbot 把它們的設計上傳到 Youmagine，大家可以自己動手做。

擁有舊型木製 Simple 的消費者也不用擔心；Printbot 提供低價的套件來把舊機器升級成 Simple Maker 套件。用於本篇評論的印表機，就是我剛用這個套件升級原有的印表機而成，現在仍然是我的最愛之一。◐

BOOKS

BRICK JOURNAL
積木世界
國際中文版 ISSUE 1

TwoMorrows

320元　馥林文化

　　我們選擇了「樂高停格動畫」做為第一期的主題，在電腦動畫技術純熟的當下，這種媒介仍然獨樹一格，在復古與創新之間不斷地來回辯證。創作者也許不需要高深的影片拍攝能力和複雜的積木堆砌技巧，可是必定要有熱情及耐心，而這剛好就是樂高玩家開始創作時所具備的特質。

　　臺灣專門拍攝樂高停格動畫的玩家較少，但是美國社群已經行之有年，在Youtube還不盛行的年代，這個社群就已經蓬勃發展，利用各種管道分享影片和資源。現在製作和轉貼影片更為簡易，影片質量也逐漸成長，當樂高公司決定拍攝《樂高玩電影》時，也參考了這個社群的影片風格。我們希望將其中的內涵介紹給大家，鼓勵樂高迷和閱聽眾持續深耕在自己的社群，看見也被看見。

　　本期雜誌也介紹許多與電影相關的作品，例如《銀翼殺手》迴旋車、蝙蝠俠載具、《神偷奶爸2》變形車，以及諸多《樂高玩電影》出現過的建築。欣賞完精彩的作品之後，如果躍躍欲試想開始動手組裝，雜誌內提供蝙蝠仔、鋼鐵娃、攝影機等作品的組裝圖解，讀者也可以發揮創意，改裝成屬於自己的作品。

　　如果想要進入積木世界，千萬不要錯過本期精彩內容！

四軸飛行器自造手冊

Ark Lab多旋翼工坊

299元　碁峰

　　自古以來，幻想能擁有鳥兒般自由的雙翼翱翔於天際一直是人類的夢想。今日，拜控制與微機電技術的進展之賜，在萊特兄弟的挑戰者號升空後的148個年頭後，天空又再度風起雲湧地掀起一場無聲的革命了。透過本書的內容與編排，各位將從飛行器的基本流體力學原理開始，由淺入深地認識自動控制、微處理機的基本原理，進而通盤了解多旋翼無人飛行器的系統架構。

　　本書將理論背景運用在實作當中，從零件採購開始，一步步地設計出屬於自己的第一臺多旋翼無人飛行器。書中介紹了數種開源的飛控韌體，並將其功能做完整的剖析，讀者們可以發揮無盡的想像空間玩出更多更新奇有趣的應用。藉由詳盡的步驟說明，飛行器繁瑣的校正、參數設定難題將迎刃而解。更有進階的自動導航飛行全攻略，能夠讓各位讀者實現科幻電影當中的無人機送貨、自主巡航等等充滿未來感與想像的飛行旅程。一定沒有人想錯過時下最風行的空拍熱潮吧？

　　第七章開始詳細的介紹了空拍設備的知識與裝配過程，期待能與各位讀者一同用全新的視角重新認識這塊土地。多旋翼無人飛行器，因為具有高度的機動性與自主性，所以也稱之為「飛行機器人」。最後更收錄了幾項具有互動性的改裝項目，熱血的Maker絕對不容錯過。

用 Arduino 全面打造物聯網

孫駿榮、蘇海永

420元　碁峰

Arduino的開放式軟硬體架構在近年來逐漸成為基礎硬體學習的主流，而物聯網則是未來趨勢。書中以Arduino為工具實戰物聯網，運用Arduino的學習基礎，即可進入到物聯網專題實作，內容涵蓋物聯網的概念與技術、運用Arduino實作物聯網，以及將物聯網運用於日常生活的技術。同時，提供範例程式與函式庫、線路圖、軟體下載連結說明等資源。

四軸飛行器大解密：
超級新手DIY一次搞定啦

鮑凱

299元　碁峰

本書以淺顯易懂的方式，告訴您如何組裝、操作四軸飛行器。書中提供了一些專業術語講解，幫助讀者認識四軸飛行器的相關理論。另外，對書中的相關操作，使用了大量的圖片來介紹各種組裝零件，並講解如何組裝和操作自己的四軸飛行器。非常適合沒有任何基礎，也沒有專人指導，想要獨立完成四軸飛行器的組裝和操作的入門者，也適合想要了解何謂四軸飛行器讀者參考。

本書內容涵蓋：認識飛行器的定義和分類；認識組裝四軸飛行器所需的各種元件；圖解說明如何組裝四軸飛行器；四軸飛行器調校測試全攻略。

職人JJ的私房冷製手工皂：
26款人氣配方大公開！

JJ

360元　馥林文化

手工皂好洗好用好環保，已經成為現代人清潔的流行趨勢，自己DIY手工皂更是令人安心，不僅天然也能兼具時尚外觀。但要如何渲染出一鍋賞心悅目的皂呢？本書作者JJ教你掌握分鍋時機、入色訣竅、基礎選染技法，攪出一鍋適合自己與家人的皂！

手工皂達人JJ在本書中是首次公開私房作皂配方。教你除了用基礎油做皂，更可以用特殊油作皂，藉此擺脫化學香精，開啟無毒健康生活的第一步。不管你是油性皮膚、乾性皮膚、敏感混和性肌膚、換季、過敏都別怕，自己做手工皂，滿足生活各種需求！

「未來機器」實現到什麼程度了呢？：
空氣動力車、超級超音速機、錶型通訊機、自動調理機、機器人

石川憲二

250元　馥林文化

在科幻小説、科幻電影中常會出現一些很先進的科技。關於這些「未來機器」的夢想，有幾個雖然已經實現，但是大部分還是只是個「夢想」。只有想像是沒有用的，這些「未來機器」實際出現於我們生活中的可能性到底有多高呢？

東京理科大學畢業、在日本有25年以上採訪企業經驗的石川憲二用邏輯推導和科學理論驗證的方法來分析我們目前（或未來）有沒有技術和能力能夠實現這些「未來機器」。

關於這些我們所憧憬的「未來機器」，目前到底開發到什麼樣的地步了呢？又或是我們已經有哪些相關的技術了呢？本書針對「未來機器」的可能性、盲點，或是不太可能完成的原因等做深入探究及介紹。

自造者世代 <<<<<<
從您的手中開始！

讓我們幫您跨越純粹理論與實際操作間的最後一道門檻

方案 **A**

新手入門組合 <<<<<<<<<

訂閱《Make》國際中文版一年份＋
Arduino Leonardo 控制板

NT$**1,900** 元

（總價值 NT$2,359 元）

方案 **B**

進階升級組合 <<<<<<<<<

訂閱《Make》國際中文版一年份＋
Ozone 控制板

NT$**1,600** 元

（總價值 NT$2,250 元）

微電腦世代組合 <<<<<<<

方案 **C**

訂閱《Make》國際中文版一年份＋

Raspberry Pi 2 控制板

NT$2,400 元

（總價值 NT$3,240 元）

自造者知識組合 <<<<<<<

方案 **D**

訂閱《Make》國際中文版一年份＋

自造世代紀錄片 DVD

NT$1,680 元

（總價值 NT$2,110 元）

注意事項：

1. 控制板方案若訂購 vol.12 前（含）之期數，一年期為 4 本；若自 vol.13 開始訂購，則一年期為 6 本。
2. 本優惠方案適用期限自即日起至 2015 年 12 月 31 日止

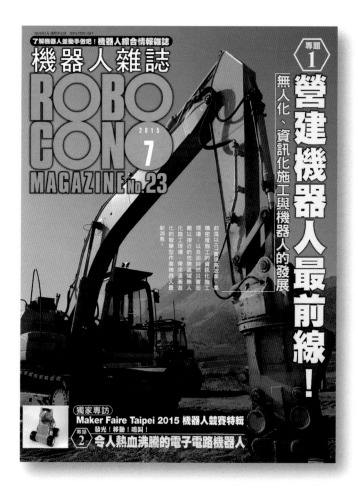

請務必勾選訂閱方案，繳費完成後，將以下讀者訂閱資料及繳費收據一起傳真至（02）2314-3621 或撕下寄回，始完成訂閱程序。

請勾選	訂閱方案	訂閱金額
☐	自 vol.＿＿＿ 起訂閱《Make》國際中文版 ＿＿＿ 年（一年6期）※ vol.13（含）後適用	NT＄1,140 元 （原價 NT$1,560 元）
☐	vol.1 至 vol.12 任選 4 本，＿＿＿＿＿＿	NT＄1,140 元 （原價 NT$1,520 元）
☐	《Make》國際中文版單本第 ＿＿＿＿ 期 ※ vol.1 ～ Vol.12	NT＄300 元 （原價 NT$380 元）
☐	《Make》國際中文版單本第 ＿＿＿＿ 期 ※ vol.13（含）後適用	NT＄200 元 （原價 NT$260 元）
☐	《Make》國際中文版一年期＋Arduino Leonardo 控制板，第 ＿＿＿＿ 期開始訂閱	NT＄1,900 元 （原價 NT$2,359 元）
☐	《Make》國際中文版一年＋Ozone 控制板，第 ＿＿＿＿ 期開始訂閱	NT＄1,600 元 （原價 NT$2,250 元）
☐	《Make》國際中文版一年＋Raspberry Pi 2 控制板，第 ＿＿＿＿ 期開始訂閱	NT＄2,400 元 （原價 NT$3,240 元）
☐	《Make》國際中文版一年＋《自造世代》紀錄片 DVD，第 ＿＿＿＿ 期開始訂閱	NT＄1,680 元 （原價 NT$2,100 元）
☐	《Make》國際中文版一年＋《科學人》雜誌一年 12 期 《Make》國際中文版自第 ＿＿＿＿ 期開始訂閱，《科學人》雜誌自第 ＿＿＿＿ 期開始訂閱	NT＄2,590 元 （原價 NT$4,200 元）

※ 若是訂購 vol.12 前（含）之期數，一年期為 4 本；若自 vol.13 開始訂購，則一年期為 6 本。
（優惠訂閱方案於 2016 / 2 / 29 前有效）

訂戶姓名 ☐ 個人訂閱 ☐ 公司訂閱		☐ 先生 ☐ 小姐	生日	西元＿＿＿＿＿＿年 ＿＿＿＿月＿＿＿＿日
手機			電話	（O） （H）
收件地址	☐ ☐ ☐			
電子郵件				
發票抬頭			統一編號	
發票地址	☐ 同收件地址　☐ 另列如右：			

請勾選付款方式：

☐ 信用卡資料（請務必詳實填寫）		信用卡別　☐ VISA　☐ MASTER　☐ JCB　☐ 聯合信用卡	
信用卡號	＿＿＿＿ － ＿＿＿＿ － ＿＿＿＿	發卡銀行	
有效日期	＿＿ 月 ＿＿ 年　持卡人簽名（須與信用卡上簽名一致）		
授權碼	（簽名處旁三碼數字）　消費金額	消費日期	

☐ 郵政劃撥 （請將交易憑證連同本訂購單傳真或寄回）	劃撥帳號	1 9 4 2 3 5 4 3
	收款戶名	泰 電 電 業 股 份 有 限 公 司

☐ ATM 轉帳 （請將交易憑證連同本訂購單傳真或寄回）	銀行代號	0 0 5
	帳號	0 0 5 － 0 0 1 － 1 1 9 － 2 3 2

✂ 請沿虛線剪下